当代分子生物学理论与技术应用探索

黄朝汤 ◎ 著

北京工业大学出版社

图书在版编目（CIP）数据

当代分子生物学理论与技术应用探索 / 黄朝汤著． —
北京 ：北京工业大学出版社，2018.12（2021.5 重印）
ISBN 978-7-5639-6518-2

Ⅰ．①当… Ⅱ．①黄… Ⅲ．①分子生物学－研究 Ⅳ．①Q7

中国版本图书馆 CIP 数据核字（2019）第 020765 号

当代分子生物学理论与技术应用探索

著　　者：黄朝汤
责任编辑：张　娇
封面设计：晟　熙
出版发行：北京工业大学出版社
（北京市朝阳区平乐园 100 号　邮编：100124）
010-67391722（传真）　bgdcbs@sina.com
经销单位：全国各地新华书店
承印单位：三河市明华印务有限公司
开　　本：787 毫米 ×1092 毫米　1/16
印　　张：8.75
字　　数：190 千字
版　　次：2018 年 12 月第 1 版
印　　次：2021 年 5 月第 2 次印刷
标准书号：ISBN 978-7-5639-6518-2
定　　价：46.00 元

前　言

分子生物学的整个发展进程经历了三个重大变革：基因组测序技术的迅猛发展、成本的降低及其深远影响；作为调控分子的 ncRNAs 在基因表达与个体发育中的功能挖掘与鉴定得到全面开展；被奉为后基因组时代分子生物学未来的系统生物学在算法理论、组学数据和结果可视化方面得到长足发展。这些成就深刻地改变了人们对传统分子生物学基础理论的认识，也给社会的发展带来了巨大的变化，分子生物学已经渗入了社会各个领域中。

本书是为适应近年来分子生物学领域新发展而撰写的，系统地介绍了分子生物学的基本理论和近些年来的发展情况。

全书共 8 章。第 1 章绪论，概述了分子生物学的基本含义及研究内容、发展史、发展现状等；第 2 章介绍了 DNA 的生物反应，包括 DNA 复制、逆转录、DNA 的损伤与修复、DNA 突变等内容；第 3 章介绍了 RNA 的生物反应，包括 DNA 转录和 RNA 复制；第 4 章主要是对基因的概述以及基因表达控制的介绍；第 5 章介绍了 PCR 技术的定义、基本原理、实现条件和扩展；第 6 章主要介绍了基因重组技术和基因工程技术；第 7 章主要从基因芯片、蛋白质芯片、组织芯片以及芯片实验室这四个方面对生物芯片技术进行了介绍；第 8 章主要介绍了生物芯片、PCR、基因工程等分子生物学技术在社会中的实践应用。

分子生物学涉及的知识广泛，发展迅速，不断涌现出新的成果，笔者虽然尽力吸收各方面的知识，但由于水平有限，书中纰漏之处在所难免，望读者批评指正。

目录

第 1 章　绪　论……1

1.1　分子生物学的基本含义及研究内容……1

1.2　分子生物学发展史……2

1.3　分子生物学的现状和展望……15

第 2 章　DNA 的生物反应……21

2.1　DNA 复制……21

2.2　逆转录……30

2.3　DNA 的损伤与修复……31

2.4　DNA 突变……40

第 3 章　RNA 的生物反应……44

3.1　DNA 转录……44

3.2　RNA 复制……56

第 4 章　基因表达控制……59

4.1　基因、基因组和基因组学……59

4.2　基因表达调控及其基本原理……62

4.3　原核基因表达的调控……65

4.4　真核基因表达的调控……68

第 5 章　PCR 技术……76

5.1　PCR 定义……76

5.2　PCR 基本原理……76

5.3 实现PCR的基本条件……77
5.4 PCR技术的扩展……82
第6章 基因重组和基因工程……85
6.1 DNA重组……85
6.2 基因工程……87
第7章 生物芯片技术……98
7.1 生物芯片技术简介……98
7.2 基因芯片……99
7.3 蛋白质芯片……102
7.4 组织芯片……104
7.5 芯片实验室……106
第8章 分子生物学的应用……110
8.1 生物芯片的应用……110
8.2 PCR技术的应用……116
8.3 基因工程的应用……119
8.4 转基因动物和植物……122
8.5 DNA指纹图谱……128
8.6 分子标记的应用……129
参考文献……133

第1章　绪　论

1.1　分子生物学的基本含义及研究内容

生命科学经历了一个漫长的研究历程。人们从最初研究动物和植物的形态、解剖和分类开始，以后逐步深入到细胞学、遗传学、微生物学、生理学、生物化学乃至细胞层面的研究。自20世纪中叶以来，生物学研究以生物大分子为对象，分子生物学（molecular biology）开始成为一门日趋重要的独立分支学科，这是对生命现象及其本质认识不断深化的过程。

自从1838年施莱登（Schleiden）和施旺（Schwan）证明动物和植物都是由细胞组成的，1985年菲尔绍（Virchow）提出细胞学说（cell theory）之后，细胞学的研究得到迅速发展，随后遗传学原理也得到揭示。同时生理学和生物化学也随之兴起，以细胞为单位，进行深入的研究，对生命探索研究进入了细胞水平。

随着物理学和化学渗入生命科学的研究领域，人们对细胞的化学组成的了解日益深化，对构成细胞的生物大分子主要是蛋白质及核酸在生命科学中所起的作用有了深刻的认识。桑格（Sanger）利用纸层析和纸电泳技术于1953年第一次揭示出胰岛素的一级结构，开创了数千种蛋白质序列分析的先河。同年，佩鲁茨（Perutz）和肯德鲁（Kendrew）利用X射线衍射技术解析了肌红蛋白（myoglobin）和血红蛋白（hemoglobin）的三维结构，使人们首次能够洞察生物大分子的空间结构，从而了解这些蛋白质在运送氧分子过程中的特殊作用。这些研究结果使人们第一次能从分子水平了解生命物质的结构与功能。生物大分子结构与功能的研究成为了生命科学中最重要的课题。

随着核酸化学研究的不断发展，沃森（Watson）和克里克（Crick）共同提出了脱氧核糖核酸（DNA）的双螺旋结构模型（double helix model）。该模型为揭开遗传信息的复制和转录奠定了理论基础。随后克里克又提出了中心法则（central dogma），明确了遗传信息传递的基本规律。此后，核酸的分子生物学得到了异乎寻常的迅速发展，分子生物学成为生命科学中活力最强的学科。由于分子生物学以其崭新的观点和技术对其他学科进行了全面渗透，推动了细胞生物学、遗传学、发育生物学和神经生物学向分子水平的方向发展，使这些学科成为生命科学的前沿。

分子生物学的定义有广义和狭义之分。从广义来讲，分子生物学是从分子水平研究生命现象、本质和发展的一门新兴生物学科。它通过对生物体的主要物质基础，特别是蛋白质、酶和核酸等大分子结构、运动规律的研究，来揭示生命现象的本质。例如，蛋白质的结构、运动和功能，酶的作用机制和动力学，膜蛋白的结构功能和跨膜运输等都属于分子生物学的研究内容。

从狭义上来讲，分子生物学是从分子水平研究生物大分子的结构与功能从而阐明生命现象本质的科学，主要研究遗传信息的传递（复制）保持（损伤和修复）、基因的表达（转录和翻译）与调控等，也称之为基因的分子生物学。目前人们通常采用狭义的概念进行生物学研究。

1.2　分子生物学发展史

20 世纪生物学最重大的成就是分子生物学的诞生，它将人类认识生物界的水平深入分子层次。借助先进的物理和化学方法获取了生命现象的统一基础，并逐步揭示了生命遗传、进化的奥秘。

“分子生物学”这一名词的出现，可以追溯到 1938 年，美国洛克菲勒基金会主席华伦·韦弗（Warren Weaver）在年终报告里提到“渐渐地又产生了一门科学——分子生物学，这是揭开许多生命细胞基本单元奥秘的开端……”。基金会对有关蛋白质 X 射线晶体衍射提供了资助。同年，阿斯特伯理（W. T. Astbury）和贝尔（F. D. Bell）首次发表脱氧核糖核酸的 X 射线衍射研究。与所有有关优先权的声明一样，阿斯特伯理认为是他们于 1950 年在哈佛所做的演讲时首先提出“分子生物学”这个术语，并给出比较完整的定义：分子生物学主要是研究三维的和结构的方面，但这并不意味着，分子生物学只是一种精密的形态学，它必须同时研究起源和功能问题。现代分子生物学的定义还必须补充上“分子如何携带信息”，如此，分子生物学就被定义为研究生物大分子的结构、功能和信息传递的科学。如果说分子生物学革命发生于 1953 年，就等于把本来属于分子生物学的一些重大研究成果排除于分子生物学领域之外，这无疑缩减了分子生物学的内涵，使分子生物学名不副实。因为在沃森和克里克之前，有关生物大分子的结构、功能及其信息传递的研究就已蓬勃展开。

1.2.1　孕育阶段（1820—1950 年）

分子生物学的诞生是科学家探索基因化学实体的必然结果。现代科学实验证明 DNA 是遗传物质的基础，即 DNA 分子是携带遗传信息的物质。这个结论的得出经历了大约 80 年的时间，数十位科学家为此做出了卓越的贡献。

早在1869年，在德国杜宾根大学霍普赛勒教授的细胞化学实验室里，年仅25岁的瑞士科学家弗勒瑞克・米歇尔（F. Mischer）用胃蛋白酶水解病人的脓细胞（白细胞）的蛋白质时，细胞核缩小了一点，可是仍旧保持完整。在当时只有米歇尔一个人能用化学方法分离出细胞核。他进一步用碱处理细胞核，发现了一种特殊的含磷量很高的酸性化合物，将其取名为“核素”。1889年，在同一实验室工作的生物化学家理查德・奥尔特曼（R. Altmann）从酵母和动植物组织中制备出纯净的、不含蛋白质的细胞核酸性物质，因此将“核素”更名为“核酸”。现在人们公认米歇尔是核酸的发现者，是核酸生物学研究的奠基人、细胞核化学的创始人。

米歇尔发现了核素，吸引了很多科学家的注意，德国科学家科赛尔（A. Kossel）就是其中米歇尔核酸研究最重要的继承者和发展者。科赛尔也是霍普赛勒的学生，他领导的科研小组做了大量的工作，证明了从最简单的生物到人类的细胞核中都存在着核酸，只是不同的生物细胞中，核酸的含量不同。他通过实验证明了核酸是由四种含氮碱基即腺嘌呤（A）、鸟嘌呤（G）、胞嘧啶（C）和尿嘧啶（U），一个五碳糖，一个磷酸等组成的。科赛尔是世界上第一个分离出腺嘌呤、胸腺嘧啶和组氨酸的人。为此，科赛尔获得了1910年的诺贝尔生理学或医学奖。他还曾提出一些关于核酸功能的概念和蛋白质合成及现代遗传信息的思想，但因缺少实验数据并未引起科学界的重视。

1911年，美国的生物化学家莱文（P. A. Levene）和琼斯（W. Jones）对核酸的化学结构做了大量研究。实验中他们发现核酸分两大类：一类是核酸中含有五碳的核糖，称“核糖核酸（RNA）”；另一类是核酸中五碳的核糖少了一个氧原子，故称为“脱氧核糖核酸（DNA）”。两者在结构和组成上的差异为：①核糖不同。②碱基的组成不同，RNA的四种碱基为A、G、C、U，而DNA的四种碱基为A、G、C、T（胸腺嘧啶），即DNA的碱基中以胸腺嘧啶（T）代替了RNA中的尿嘧啶（U）。③绝大多数DNA是由双股核苷酸的长链组成的，而绝大多数RNA是单链的。通过这次实验，他们确信核苷酸是组成核酸的基本单位。

自核酸被发现以来的相当长一段时期内，人类对它的生物学功能研究几乎毫无进展。1928年，英国的科学家格里菲斯（F. Griffith）等人发现肺炎双球菌能引起小鼠患肺炎并致死。细菌的毒性（致病力）是由细胞表面荚膜中的多糖决定的。具有光滑外表的S型肺炎双球菌因为带有荚膜多糖能使小白鼠得肺炎死去，而具有粗糙外表的R型肺炎双球菌因没有荚膜多糖而失去致病力（荚膜多糖能保护细菌不受动物体内白细胞的攻击）。至此，核酸功能研究取得了重大进展。

20世纪40年代至50年代初被认为是分子生物学的孕育时期。1944年美国洛克菲勒研究所的细菌学家艾弗里（O. T. Avery）等人发现从致病力强得光滑型（S型）肺炎链球菌提取的DNA能使致病力弱的粗糙型（R型）转化成S型。如果加入少量DNA酶，这种转化立即消失，但同时再加入各种蛋白水解酶则不能改变这种转化。艾弗里的报告使当时的人们感到非常意外，因为转化因子意味着决定遗传性状的物质，由于“四核苷酸假说”的存在，人们无法接受DNA是遗传物质这个事实。怀疑主要集中在两个方面：①不少人认为，DNA并非遗传物质，而只是荚膜形成的生理过程中发挥作用的一种物质。然而，随后的实验证明，某些与荚膜形成无关的性状也会因DNA而导致转化。例如，1949年证明从青霉素抗性的S型肺炎双球菌中提取的DNA能使对青霉素敏感性的S型肺炎双球菌突变而成的R型细菌转化为青霉素抗性S型细菌；用链霉素抗性和敏感性肺炎双球菌做转化实验也得到了类似的结果。说明用于这些实验的S型肺炎双球菌的DNA不但带有形成荚膜所需的遗传信息，而且还带有形成青霉素抗性和链霉素抗性所需的遗传信息。②更多的人则认为在艾弗里等人所得的转化因子DNA中仍混杂有少量的蛋白质，而这少量的蛋白质才是实际起转化作用的物质。事实上，到1949年，转化实验已将作为转化因子的DNA纯化到所含蛋白质不高于0.02%的程度，此时的转化效率不但没有降低，反而增高了。尽管在今天看来，艾弗里等人的一系列实验及其得出的结论都很有说服力，但在20世纪40年代，由于“四核苷酸假说”的影响，相信DNA是遗传物质的人是极少的。艾弗里是世界上第一个用实验的方法证明了DNA是遗传物质的科学家，这个发现立即引起科学界的广泛关注。艾弗里的实验第一次证明染色体中的脱氧核糖核酸（DNA）携带着遗传信息，这一成就激发了人们对DNA化学组成和晶体结构的研究。

也是在同年，奥地利物理学家、量子力学的奠基人之一薛定鄂（E. Schrodinger）在英国出版了名为《生命是什么》的小册子，其中对生命问题提出了一些发人深思的见解。他认为，生物学的真正问题是信息传递问题：信息如何被编码，在从一代细胞到另一代细胞的大量传递中它如何保持稳定等，这些思想启发了人们用物理学的思想和方法去探讨生命物质的运动，因而这本书被誉为“从思想上唤起生物学革命的小册子”。

由于核酸化学的研究进展，1948年，美国著名的分析化学家查尔加夫（E. Charge）等人发明了用色层析法测量DNA内部各种碱基含量的方法，并做了精细的分析，结果表明：① [A+G]=[T+C]；② [A]=[T]，[C]=[G]，这个规律被称为查尔加夫规则（Chargaff's rule）。这个实验的重要意义在于，它直接为此后所证实的DNA双螺旋结构的碱基互补配对规律奠定了可靠的化学基础。

1952年，美国微生物学家赫尔希（A. D. Hershey）和蔡斯（M. Chase）把宿主细菌分别培养在含有S同位素和P同位素的培养基中，宿主细菌在生长过程中，蛋白质外壳和DNA分别被S和P所标记。然后用T2噬菌体分别去侵染被S和P标记的细菌。噬菌体在细菌细胞内增殖，裂解后释放出子代噬菌体，在这些子代噬菌体中，前者被S所标记，后者被P所标记。用被S和P标记的噬菌体分别去侵染未标记的细菌，测定宿主细胞的同位素标记。用S标记的噬菌体侵染细菌时，测定结果显示，宿主细胞内很少有同位素标记，大多数S标记的噬菌体蛋白质附着在宿主细胞的外面。用P标记的噬菌体感染细菌时，测定结果显示宿主细胞外面的噬菌体外壳中很少有放射性同位素P，大多数放射性同位素P在宿主细胞内。以上实验表明，噬菌体在侵染细菌时，进入细菌内的主要是DNA，大多数蛋白质在细菌的外面。可见，在噬菌体中，DNA是在亲代和子代之间具有连续性的物质。

因此，DNA是遗传物质。

总而言之，在20世纪40年代后期，围绕着基因的物质基础（包括DNA的结构）和基因的自我复制这两个中心问题，以核酸的遗传功能为突破点，进行了多方面探索，学术思想活跃，研究硕果累累，预示着生物科学重大突破的来临。

1.2.2　创立阶段（1950—1970年）

1.2.2.1　DNA分子双螺旋结构的发现

20世纪50年代，世界上有3个小组正在进行DNA生物大分子的分析研究，他们分属于不同派别。结构学派，主要以伦敦皇家学院的威尔金斯（M. Wilkins）和富兰克林（R. Franklin）为代表；生物化学学派以美国加州理工学院鲍林（L. G. Pauling）为代表；信息学派，则以剑桥大学的沃森（J. Waston）和克里克（F. Crick）为代表。结构学派的代表威尔金斯是新西兰物理学家，他的贡献在于采用"X射线衍射法"选择了DNA作为研究生物大分子的理想材料。他认为DNA分子的X射线衍射研究对于建立严格的分子模型是有帮助的。威尔金斯和他的同事获得了世界上第一张DNA纤维X射线衍射图，证明了DNA分子是单链螺旋的，并在1951年11月意大利生物大分子学术会议上报告了他们的研究成果。这时候沃森正好在剑桥大学中由威廉·劳伦斯布拉格（William Lawrence Bragg，1890~1971年，英国物理学家，和他的父亲威廉·亨利布拉格通过对X射线谱的研究提出晶体衍射理论，建立了布拉格公式，并改进了X射线分光计。父子二人共同获得1915年的诺贝尔物理学奖）主持的卡文迪许实验室研究蛋白质结构。沃森与克里克得知了这些讯息之后受到很大启发，便开始尝试排列DNA的螺旋结构。

结构学派的另一位代表人物是富兰克林，她是一位具有卓越才能的英国女科学家。1952年，富兰克林在DNA分子晶体结构研究上成功地制备了DNA样品，更重要的是她通过X射线衍射拍摄到一张举世闻名的B型DNA的X射线衍射照片，由此推算DNA分子呈螺旋状，并定量测定了DNA螺旋体的直径和螺距。同时，她已认识到DNA分子不是单链，而是双链同轴排列的。

生物化学学派的代表鲍林是美国著名的化学家，他致力于研究DNA、蛋白质等生物大分子在细胞代谢和遗传中如何相互影响及它们的化学结构。1951年，根据结构化学的规律性，鲍林成功地建立了蛋白质的α-螺旋模型。

信息学派的代表沃森和克里克主要研究信息如何在有机体世代间传递及该信息如何被翻译成特定的生物分子。他们无论是在科学实验的经验，还是在学术成就方面都无法与威尔金斯、富兰克林、鲍林等人相比，然而他们后来居上，仅用18个月的时间就创造了DNA分子的双螺旋模型，跃上20世纪的科学宝座，摘取了"分子生物学"的桂冠。

1946年学物理出身的克里克读了薛定鄂的名著《生命是什么》，受到鼓舞，舍弃物理学而转向生命科学领域，并把基因的分子结构作为自己的研究方向。而沃森在芝加哥读书的时候就产生了想了解基因是什么的想法，1951 年，他听了威尔金斯和富兰克林的关于用 X 射线晶体衍射技术研究 DNA 纤维的学术报告后，对 DNA 的结构研究产生了兴趣。1952 年博士毕业后沃森进入了剑桥大学卡文迪许实验室医学研究组，与克里克合作，决定攻克 DNA 分子结构的难题。他们认为：应该利用物理学和化学的规律，进行 DNA 的模型研究。根据威尔金斯和富兰克林等人做的 DNA 纤维的 X 射线衍射图像和分析数据，推断 DNA 应该具有螺旋形状。

但是，DNA 具体是一个什么样的螺旋结构，是双链、三链还是四链的，沃森和克里克心中并没有确切答案。沃森和克里克先后建立了 3 个 DNA 分子模型。他们在建立模型时，不只是考虑其结构，还要始终联系 DNA 的功能和信息。他们要求建立的模型不仅要满足物理、化学、数学研究的最新事实，如 X 射线衍射结果、碱基配对的力学要求，还要满足生化知识，如酮型、氢键、键角等，更要使 DNA 能解释遗传学和代谢理论。这在当时是一种很先进的思想。

起初，沃森与克里克认为 DNA 的螺旋结构应该是三螺旋的，在从生物化学家鲍林那里获得启示后，便开始了“搭积木”式的研究，因为鲍林发现血红蛋白的 α 螺旋链就是靠“搭积木” 研究出来的。但这是在对实验数据理解错误的基础上建立的模型，用 X 射线衍射结构检验模型后，三螺旋 DNA 结构设想被威尔金斯和富兰克林否定为错误的模型。

在 1953 年 2 月 14 日的讨论中，威尔金斯出示了一幅富兰克林获得的非常清晰的 DNA 晶体衍射照片。这张照片突然激发了沃森头脑中的思维，DNA 链只能是双链的才会显示出这样漂亮而清晰的图。于是他们建立了的第二个模型，这个模型是一个双链的螺旋体，糖和磷酸骨架在外，碱基成对地排列在内，碱基以同配方式即 A 与 A，C 与 C，G 与 G，T 与 T 配对。由于配对方式的错误，这个模型同样宣告失败。尽管这次又失败了，但他们从中总结了不少有益的经验教训，结合 Chara 的 DNA 化学成分的分析结果，他们获得了很大的启示，这为他们成功地建立第三个模型奠定了基础。

1953 年 2 月 20 日，沃森灵光一现，放弃了碱基同配方案，采用碱基互补配对方案，终于获得了正确的 DNA 双螺旋结构。沃森和克里克又经过三周的反复核对和完善，3 月 18 日终于成功地建立了 DNA 分子双螺旋结构模型，并于 4 月 25 日在英国的《自然》杂志发表了 DNA 双螺旋结构假说不到 1000 字的短文《核酸的分子结构——脱氧核糖核酸的结构模型》，并配有威尔金斯和富兰克林的两篇文章，以支持所发表的假说。DNA 分子规则的双螺旋结构模型终于与世人见面了，要点如下：DNA 分子是由两条平行的脱氧核苷酸长链向右螺旋形成的；DNA 分子中脱氧核糖和磷酸交替连接，排列在外侧，构成基本骨架，两条链上的碱基通过氢键连接起来排列在内侧，按查尔加夫规则构成双股磷酸糖链之间的碱基对，即 A 与 T，G 与 C 配对；DNA 分子中两条脱氧核苷酸长链中的原子排列方向相反，一条是 5' → 3' 走向，另一条是 3' → 5' 走向。

这个模型表明 DNA 具有自身互补的结构，根据碱基对原则，DNA 中贮存的遗传信息可以精确地进行复制。数星期之后，沃森和克里克又在《自然》杂志上进一步提出了

DNA 分子复制的假说——半保留复制机制，为进一步揭示遗传信息的奥秘提供了广阔的前景，他们的理论奠定了分子生物学基础。

DNA 双螺旋的提出是人类科技史上合作的典范。从沃森和克里克获得的成功，我们不难发现，现代科学的创举绝非一两个人所能办到，必须集百家之长，充分借鉴他人的成功经验和理论，勤于思考，勇于探索，在掌握先进的科学方法后，在正确的科学思想指导下才能成功。从科学发展的角度上看，沃森和克里克把各自独立研究的信息学派、结构学派和生物化学学派对生物遗传的研究统一起来，并推向前进，建立了不可磨灭的丰功伟绩。他们完成了历史的、科学的统一，创建了 DNA 分子的双螺旋结构。这是分子生物学史上划时代的创举，是突破性的进展，人们从此开始从分子角度来研究生命科学，他们奠定了分子生物学的基础。鲍林也盛赞道："双螺旋的发现和由此发现所产生的发展是过去 100 年间生物科学对生命理解上的最伟大的进步。"我国著名的生物学家谈家桢指出："DNA 分子双螺旋结构的发现，不仅是生物科学的重大突破，也是整个自然科学的辉煌成就，其意义足以同迄今已有的任何一次科学发现相媲美。"

1.2.2.2 分子生物学中心法则的创建和完善

DNA 双螺旋模型已经揭示出 DNA 复制的规则。亚瑟·科恩伯格（Kornberg Arthur）于 1956 年在大肠杆菌（*E.coli*）的细胞提取液中实现了 DNA 的合成。他从大肠杆菌中分离出 DNA 聚合酶Ⅰ（DNA polymerase Ⅰ），使 4 种 dNTP（即 dATP，dGTP，dCTP 和 dTTP）连接成 DNA。DNA 的复制需要以一个 DNA 作为模板，并证明了 DNA 的复制是一个非常复杂的过程，包含着许多种酶的参与。

DNA 复制在分子生物学中是一个异常重要的问题。1958 年米西尔逊（Meselson）和斯塔尔（Stah）首次在分子水平上成功地证明了 DNA 的半保守复制。如果半保守复制是正确的，则新生 DNA 双链中的一条链应该是新合成的，而另一条链应该是全部从亲代接受继承的旧链。因而，若能在实验上识别这两条链，则预期即能证明是正确的。他们在仅以 NH_4Cl 为氮源的培养基里，使大肠杆菌繁殖数代，将其 DNA 用重同位素 N 标记上，然后立即将大肠杆菌转移到 NH_4Cl 培养基中继续培养，按不同时间取样品抽提 DNA，采用氯化铯密度梯度离心法分析。结果表明 DNA 分子在 0 代显示重密度（HH），1 代全部为中等密度（HL），2 代表现为中等密度（HL）与轻密度（LL）等量。到此，沃森和克里克的半保守复制模型首先在大肠杆菌得到了分子水平的证明，其后将该法应用于从病毒到人类等多种生物，也获得了成功。

分子生物学的中心法则最早是由克里克于 1958 年提出的，在英国的实验生物学会第 12 届讨论会"大分子的生物复制会议录"发表。中心法则是在 DNA 分子的双螺旋结构的基础上，总结出来的生命遗传信息的流动方向或传递规律。但是由于当时对转录、翻译遗传密码、肽链折叠等了解还不多，在当时与其说中心法则是一种准确的科学原理，不如说是一种强烈的科学信念。这种科学信念在以后分子生物学的发展过程中越来越成为多数人的坚定信念，因为它的正确性得到越来越多的实验证明，为越来越丰富的内容所充实、延伸、发展，而变得越来越完善。

克里克于1958年描绘的中心法则如图1.1所示，箭头表示在三大类生物大分子DNA、RNA和蛋白质之间信息传递或流动所有可能的方向。这里的信息是指这些大分子组成单元的序列所赋予的信息，即组成DNA的脱氧核糖核苷酸的序列，组成RNA的核糖核苷酸的序列，以及组成蛋白质的氨基酸的序列所赋予的信息。接着克里克做了进一步的分析如图1.2所示，这些可能的信息传递大体上可以分成三大类：实线箭头表示很有可能的（probable）信息流动，而虚线箭头表示有可能发生的（possible）信息流动，从蛋白质流向蛋白质或DNA或RNA的三条途径被认为是不可能的（impossible），因而应该取消。

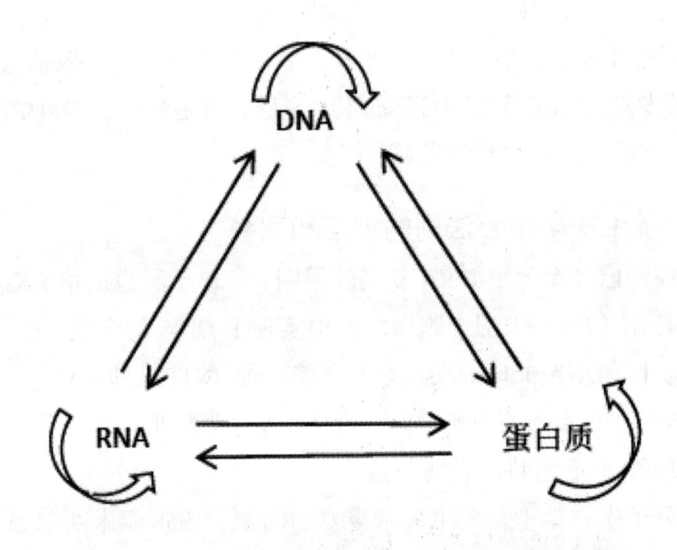

图1.1　1958年克里克最初提出的分子生物学中心法则

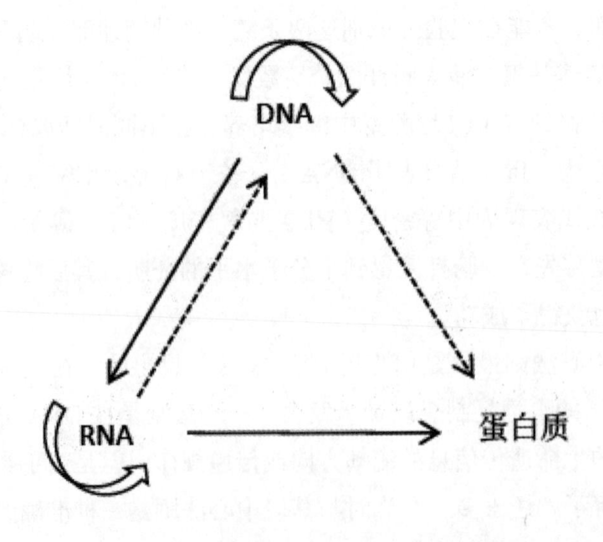

图1.2　克里克对中心法则的进一步分析

一个前所未有的通用于整个生命世界的中心法则在1958年是不可能阐述得十分准确和完善的。1970年，坦明（H. M. Temin）和巴尔的摩（D. Baltimore）在一种RNA病毒侵染的宿主细胞中分离出一种反向转录酶，它能使RNA反常地转向DNA，从而整合到宿主细胞上去。根据这些实际情况，克里克于1970年在《自然》中重申：分子生物学的中心法则旨在详细说明连串信息的逐字传送，他指出遗传信息不能由蛋白质转移到蛋白质或核酸之中。正是由于对转录、翻译、遗传密码等已有所了解，逆转录作用也被发现，因此克里克才有可能把三类信息流动更加准确地表达成如图1.3所示的形式：实线箭头表示信息流动的通常情况，这种信息流动，除了极少数例外，存在于所有的细胞中；虚线箭头表示信息流动的特殊情况，在大多数细胞中并不存在，仅在特殊的情况下发生；而从蛋白质流向蛋白质或DNA或RNA的这三条没有再画的途径则为尚未检测到的，而且也被认为是不可能的信息流动方向。

虽然在1958年就已经知道蛋白质有确定的空间结构，而且蛋白质的生物活性依赖于它的空间结构，但在当时一般认为多肽链是自发折叠的，因此中心法则把一个三维问题简化成了一个一维问题。尽管关于细胞内进行传递信息的机器以及信息传递过程的控制，即基因调控都没有涉及，中心法则还是比较合理地说明了核酸和蛋白质两类大分子的联系和分工：核酸的功能在于储存和转移遗传信息，指导和控制蛋白质的合成；蛋白质的主要功能是进行新陈代谢以及作为细胞结构的组成成分。

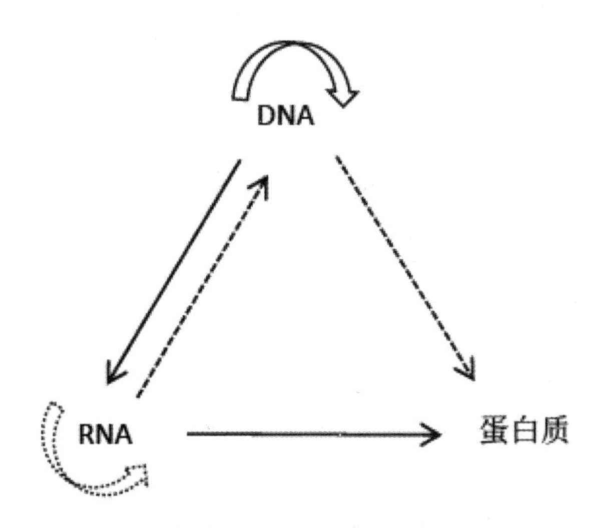

图1.3　1970年克里克对中心法则的进一步描述

1.2.2.3　中心法则的发展和意义

图1.4代表了今天对中心法则的理解。

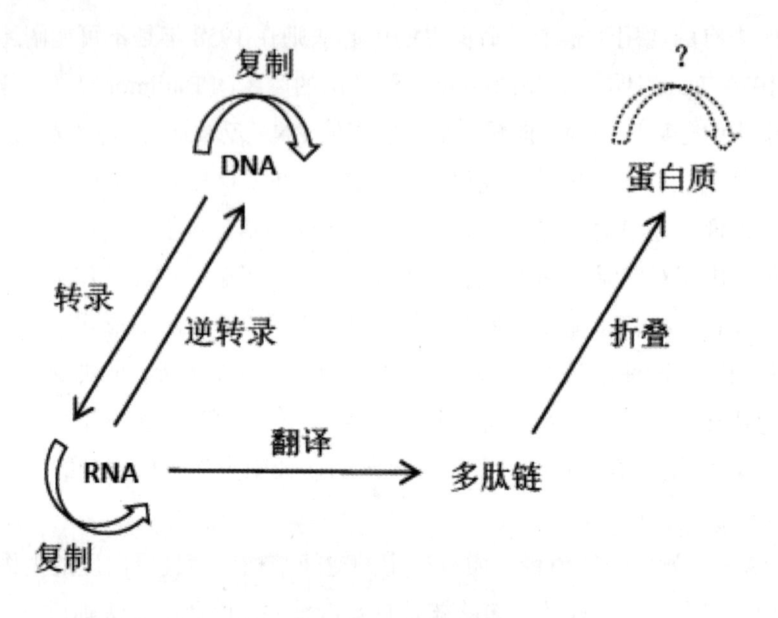

图 1.4　对中心法则的理解示意图

1. DNA 复制

遗传是生命的主要特征，DNA 分子是生命遗传信息的携带者。DNA 分子结构的核心和本质：DNA 是由两条核苷酸链相互缠绕成双螺旋结构形成的，这两条核苷酸链互补，对应的核苷酸通过碱基之间的氢键相互作用。由于碱基之间的对应关系，DNA 分子可以准确地进行自我复制。亲代 DNA 分子的两条互补链首先分离，两条互补链作为模板按照 A-T 和 C-G 的配对关系，合成自己的互补子代链。新合成的子代链与亲代链的核苷酸排列顺序完全相同，这就是 DNA 的复制。生命的遗传信息就这样一代一代准确地往下传递。在细胞核内进行的 DNA 复制的每一步都是在一系列特定的酶的催化作用下完成的。

2. DNA 转录成 RNA

与 DNA 不同，RNA 一般是单链。按照类似的碱基配对规律，以 DNA 单链为模板，进行 A-U 和 C-G 的碱基配对，合成新的 RNA，DNA 中的信息就被转录到了 RNA 上。同样，转录过程也是在一系列特定的酶的催化下完成的。

3. RNA 翻译成蛋白质

RNA 和蛋白质是两类在组成上完全不同的生物大分子，因此它们之间的信息传递类似于两种文字之间进行翻译，其翻译的规律是 3 个核苷酸的序列决定 1 个氨基酸，这 3 个核苷酸组成的三联体称为遗传密码。胞质中的核糖体是细胞合成蛋白质的工厂，经 DNA 转录生成的 RNA 在核糖体上被翻译合成蛋白质的多肽链。

4. RNA 复制

在一些 RNA 病毒中，遗传信息储存在 RNA 中，RNA 依靠自身做模板进行自我复制，再通过翻译把信息传到蛋白质。

因此，DNA 分子中的遗传信息便通过转录传到 RNA 分子，再通过翻译传到蛋白质。这就是中心法则的主线，即克里克所说的通常信息流动。

5. RNA 逆转录成 DNA

一些特殊的 RNA 病毒在感染寄主细胞时，发生了与上述信息传递方向相反的情况。在自身的逆转录酶的催化下以 RNA 为模板按照上述碱基配对原则合成 DNA 分子。这个来源于病毒的 DNA 便混入寄主细胞的基因，利用寄主细胞的营养物质进行自我复制，达到传种接代的目的。病毒的遗传信息靠逆转录，即被克里克称为特殊信息传递途径流到寄主的 DNA，在寄主细胞内繁衍。

蛋白质到蛋白质的信息传递是否存在，这一问题在很长一段时期都没有明确答案。直到 1997 年，史坦利・布鲁希纳（Stanley B. Prusiner）因在疯牛病的研究中提出了一种全新的假说而获诺贝尔奖。他认为在疯牛病的传染中是由 Pion 蛋白导致的，提出了蛋白质唯一论。蛋白质唯一论的实质是疯牛病的传染通过信息从致病 Pion 蛋白流向正常蛋白。尽管布鲁希纳的研究获得了诺贝尔奖，但他的实验和结论却不断地受到质疑。1999 年 9 月召开的当时最大规模的有关 Pion 病研究的国际会议上，对"Pion 是独身杀手还是病毒的帮凶"的问题争论得异常激烈。中心法则的第六条信息传递途径并未得到确定和解决。

克里克 50 多年前提出的中心法则理论现今被证明是正确的，生命的信息传递是有方向性的。中心法则的内容由于分子生物学的迅猛发展被丰富起来，信息传递在时间空间上、发育阶段上、不同环境条件下也都具有调节控制的作用，一旦这一调节作用失去控制便会引起疾病甚至死亡。调控通过 DNA 和 RNA 与蛋白质的相互作用进行。调控问题现在已经有了相当深入的研究。

中心法则的三维问题是中心法则的一个尚需填补的空缺。翻译只是解决了蛋白质的氨基酸序列的排序问题，蛋白质的活力依赖于自身的空间结构。克里斯蒂安・伯默尔・安芬森（Christian Boehmer Anfinsen，1916~1995 年，美国生物化学家，1972 年获诺贝尔化学奖）发现了蛋白质的氨基酸序列决定了蛋白质的空间结构规律，但是并没有解决氨基酸序列怎样决定蛋白质的空间结构这一问题。3 个核苷酸序列决定一种氨基酸的规律被称为"三联密码"，那么氨基酸序列决定蛋白质的空间结构是否也有规律甚至密码呢？有人把这个可能存在的密码称为"第二遗传密码"或"折叠密码"。蛋白质折叠的三维问题现在也已经被提上了日程，并将成为 21 世纪中心法则研究的主要内容之一。中心法则不但对过去几十年的分子生物学的发展起了指导性的作用，对今后分子生物学的发展还将继续起指导性的作用。中心法则所包含的划时代的生物学意义在于它揭示了生命最本质的规律，现在和将来的生命科学都建立在分子生物学的中心法则上，中心法则无疑是 20 世纪人类科技史上的一个伟大的里程碑。

1.2.2.4 遗传密码的破译

遗传密码的破译是 20 世纪 60 年代分子生物学最辉煌的成就，先后经历了 20 世纪 50

年代的数学推理阶段和1961~1965年的实验研究阶段。当DNA分子双螺旋结构公布于世后，人们认识到四种碱基的排列方式包含极大的信息量。如果是一个由100个脱氧核苷酸组成的DNA，那么它所包含的最大信息量将达到4^{100}，这个数字比太阳系所有原子总数还要大1000倍，这一发现引起了科学家破译遗传密码的极大兴趣。1954年，物理学家乔治·伽莫夫（George Gamov）根据DNA中存在4种核苷酸，蛋白质中存在20种氨基酸的对应关系，做出如下数学推理：如果每一个核苷酸为一个氨基酸编码，则只能决定4种氨基酸（$4^1=4$）；如果每两个核苷酸为一个氨基酸编码，则可决定16种氨基酸（$4^2=16$）。上述两种情况编码的氨基酸数小于20种氨基酸，显然是不可能的。如果3个核苷酸为一个氨基酸编码，可编64种氨基酸（$4^3=64$）；若4个核苷酸编码一个氨基酸，可编码256种氨基酸（$4^4=256$），以此类推。伽莫夫认为只有$4^3=64$这种关系是最理想的，只有在4种核苷酸条件下，64才是能满足20种氨基酸编码的最小数，$4^4=256$以上虽能保证20种氨基酸编码，但不符合生物体在亿万年进化过程中形成和遵循的经济原则。于是，雅诺斯基（Yanofsky）和勃兰诺（Brener）于1961年提出了“三联体（triplet）”的设想，即3个碱基编码一种氨基酸。

1962年，克里克用T4噬菌体侵染大肠杆菌，发现蛋白质中的氨基酸顺序是由相邻的3个核苷酸为一组遗传密码来决定的。

美国的尼伦伯格（Nirenberg）博士用严密的科学推理对蛋白质合成的情况进行分析。他用RNA链上碱基序列去合成蛋白质，从而获得对应的密码。用仅含有单一碱基的尿嘧啶（U）做试管内合成蛋白质的研究。合成蛋白质将DNA上的遗传信息转录到RNA上，最终得到了只有UUU编码的RNA。把这种RNA放到和细胞内相似的溶液里，合成的蛋白质中只含有苯丙氨酸。于是，人们得到了第一个蛋白质的密码：UUU对应苯丙氨酸。随后，又有人用U-G交错排列合成了半胱氨酸—缬氨酸—半胱氨酸蛋白质，确定了UGU为半胱氨酸的密码，GUG为缬氨酸的密码。人们通过以上实验证明了遗传密码是由3个碱基排列组成的，并且不断地找出了其他氨基酸的编码。

经过尼伦伯格和马太（Matthaei)的努力研究，编码氨基酸的遗传密码终于于1963年被破译了，两人在无细胞系统中加入一定序列的人工合成的多核苷酸，合成了一定序列的多肽链，充分证明了编码20种氨基酸的遗传密码。

科拉纳（Khorana）于1966年用实验证实了Nirenberg提出的遗传密码。Khorana用有机化学方法合成了多聚脱氧核糖核苷酸，并以它为模板用DNA聚合酶Ⅰ合成DNA链，以DNA为模板用RNA聚合酶合成了RNA链，二者具有互补的关系。

在众多科学家不懈努力下，1966年遗传密码全部被破译出来：①所有遗传密码都是由3个连续的核苷酸组成的。②氨基酸的密码子并非一个，是由近似的核苷酸组成的，存在简并码。③3个碱基的64种组合中，有61种可以用于编码各种氨基酸，其中AUG、GUG是翻译的起始信号，称为起始密码子，另外3种组合不能编码任何氨基酸，是编码的终止符号，为UAA、UAG和UGA，称为终止密码子。

蛋白质合成是分子生物学的重要课题，它的研究经历了很长的过程。早在1953年

Zamecnik 及其同事就开始在无细胞系统中利用放射性同位素标记的氨基酸研究蛋白质合成过程，发现蛋白质合成的场所为核糖体（ribosome）。他们证明了蛋白质合成需要 ATP 作为肽链形成的能源。氨基酸混入蛋白质之前首先要与转移 RNA（tRNA）结合，tRNA 由氨基酰合成酶催化形成。在细胞总 RNA 中 tRNA 约占 10%，RNA 85% 存在于核糖体(rRNA)中。利用Ⅳ 4 噬菌体感染 *E.coli* 作为系统，噬菌体侵染细菌后，寄主的 RNA 合成被中止，只有 T4 DNA 被转录成 T4 RNA。令人惊奇的是 T4 RNA 的碱基组成与 T4 DNA 非常相似，但它并不与 rRNA 结合形成核糖体。这种 RNA 携带 DNA 的信息转移到核糖体上合成蛋白质，被称为信使 RNA（messenger RNA，mRNA）。mRNA 约占总 RNA 的 4%。继 mRNA 被发现之后，赫维茨（Hurwitz）、史蒂夫（Stevans）及韦斯（Weiss）等人随后又发现了 RNA 聚合酶，这种酶以 DNA 为模板利用 ATP、GTP、CTP、UTP 等合成 RNA。以上就是转录（transcription）过程。

在细胞中蛋白质合成是受到控制的。例如，大肠杆菌中 β - 半乳糖苷酶（β -galactosidase）的含量就随着自身的需要而变化。当乳糖存在时它的含量就高，将乳糖分解成葡萄糖和半乳糖。当乳糖不存在时，细菌合成的 β - 半乳糖苷酶则极少。法国科学家雅各布（Jacob）和莫诺（Monod）于 1961 年对此问题做了详细研究，提出了操纵子学说（operon theory），指出在操纵元中存在调节基因（regulator gene），它可以产生阻遏蛋白（repressor protein），在乳糖不存在时阻遏蛋白就关闭结构基因，使之不能合成半乳糖苷酶。

1.2.3 发展阶段（1970 年以后）

自从 1953 年，沃森和克里克提出 DNA 分子双螺旋结构模型以来，基因的分子生物学迅速发展起来。按照中心法则，信息传递的方向是从 DNA 到 RNA，再从 RNA 到蛋白质。但是 RNA 在反转录病毒中并非如此，它们以 RNA 为模板合成单链 DNA（single-strand DNA，sDNA），再以这条 sDNA 为模板合成互补 DNA（complementary DNA，cDNA）。以 RNA 为模板催化 DNA 合成的酶称为反转录酶（reverse transcriptase），由特明（Temin）和巴尔的摩（Baltimore）于 1970 年首次分别发现。

1967 年，DNA 连接酶（DNA ligase）首次被分离出来。这种酶能使 DNA 分子的末端之间形成 3'，5'- 磷酸二酯键，可以使 2 个 DNA 分子连接起来。1970 年，科学家发现了第一种限制性内切酶，这种酶能识别特定的 DNA 顺序，并且在这个顺序内的一定位置上把 DNA 分子切断。1972 年，美国斯坦福大学的伯格（P. Berg）等人设想，如果把猿病毒 DNA 和 λ 噬菌体 DNA 用同一种限制性内切酶切割后，再用 DNA 连接酶把这两种 DNA 分子连接起来，就会产生一种新的重组 DNA 分子，这是分子克隆的开创性工作。1973 年，科恩（S. Cohen）等人将外源 DNA 片段与质粒 DNA 连接起来，构成一个重组质粒，并成功地将其转移到大肠杆菌中，从而首次建立了分子克隆体系。

桑格和吉尔伯特（Gilbert）于 1977 年分别用酶法和化学法准确地测定出了 DNA 分子

中的碱基序列，使我们对基因甚至基因组的结构有所了解。

自美国科学家萨姆纳（J. B. Sumner）于 1926 年证明酶是蛋白质以来，已有 50 多年的历史，人们一直认为酶是蛋白质。但是近年发现一些 RNA 也具有催化功能。切赫（T. R. Cech）于 1982 年发现四膜虫的核糖体 RNA 能够自我剪切。mRNA 中的内含子能被 RNA 本身的催化作用准确无误地切除。这种内含子衍生出来的 RNA 在特定位点催化 RNA 链的剪切和连接，而其自身并不被消耗，完全符合酶的性质。这种催化剂被命名为核酶（ribozyme）。这一发现使人们推测在生物进化的早期可能先形成 RNA，然后以 RNA 为模板形成 DNA，DNA 后来代替 RNA 作为遗传物质，它的双螺旋结构比 RNA 单链更稳定，适宜于遗传物质的贮存，而 RNA 在核糖体中仍保留着催化性质。

分子克隆又称重组 DNA 或基因工程，是指用人工方法取出某种生物的个别基因，把它转移到其他生物的细胞中去，并使后者表现出新的遗传性状，这是一种 DNA 的无性繁殖技术。这项技术从 20 世纪 70 年代开始，迅速发展起来，先后培育出一些具有商业价值的转基因产品。如 1988 年，我国科学家合成了抗黄瓜花叶病毒基因，并把这一基因引入到烟草等作物的细胞中，得到抗病能力很强的新品种。1989 年，中国科学院武汉水生生物研究所的朱作言等科学家将人的生长激素基因成功地导入泥鳅、鲤鱼、鲫鱼的卵细胞中，使这些鱼的生长速度明显加快。基因工程在改良生物品种、治疗人类的遗传病等方面潜力很大，但仍有很多难题需突破。

1996 年，首例体细胞克隆羊问世。据 1997 年 2 月 27 日英国《自然》杂志报道，英国苏格兰卢斯林研究所的科学家们首次成功利用细胞核移植技术，经人工繁殖产生哺乳动物——多莉羊。其克隆过程大致是：从一个 6 龄母羊身上取出乳腺细胞，经培养后取核，利用电脉冲的方法使该核进入另一只羊的去核卵细胞中，经培养后植入第三只羊（替代母羊）的子宫中生长，直至分娩。经基因图分析，多莉与供核者（6 龄母羊）基因组成相同，也就是说，多莉几乎是第一只羊的翻版，这就是无性繁殖—克隆，即细胞水平的遗传工程。这项实验的成功使由人体细胞克隆，产生克隆人成为理论可能，但既而也引起了道德、伦理与法律等问题的激烈争论。

由于分子生物学的研究对生命科学的发展起着巨大的推动作用，受到国际科学界的高度重视，许多位分子生物学家因此获得了诺贝尔化学奖或生理学奖。

分子生物学从开始到现今只有 60 多年的发展历史，却使生物学发生了巨大变化，其进展可谓极其迅猛。由于无数分子生物学家的刻苦研究，我们现在不但能从分子水平上了解 DNA 的结构、复制、转录和表达的详尽过程，而且对某些重要生物如果蝇或拟南芥复杂的发育过程有了深入地了解。生物科学已经进入了一个全新阶段。

1.3　分子生物学的现状和展望

分子生物学的现状和发展前景广阔。20 世纪 90 年代以来分子生物学在理论和技术方面都取得了重要进展，在 DNA 的复制、修复、转录、翻译和调控的分子机制等方面都得到了进一步的阐明，如拓扑异构酶 I 的晶体结构、核糖体结构的研究使我们对 DNA 的复制、翻译等的认识也比过去更深入。

1.3.1　模式生物的发育

分子生物学正在渗入到生物科学的有关学科之中，1984 年同源异形盒（homeobox）被发现，发育生物学与分子生物学两个学科的重要领域在机制上得以会合，即调节基因转录可以控制发育。在发育生物学方面，生活周期短的一些动植物（如线虫、果蝇、拟南芥）已成为发育生物学的重点研究对象，它们的发育过程很多已从分子水平得以被了解。美国生物学家爱德华・刘易斯为了弄清生物的体型结构与基因之间的关系，进行了几十年的研究，证实生物体从一单个的受精细胞开始，要发展成为含有数以亿计的特化细胞的躯体，生物体内所有的细胞都含有一套完全相同的基因。

1. 黑腹果蝇

黑腹果蝇是双翅目昆虫，生存时间短，易饲养，繁殖快，染色体少，突变型多，个体小，是一种很好的遗传学实验材料，是一种模式生物。在 20 世纪生命科学发展的历史长河中，果蝇扮演了十分重要的角色。遗传学的研究、发育的基因调控的研究、各类神经疾病的研究以及帕金森病、老年痴呆症、药物成瘾和酒精中毒、衰老与长寿、学习记忆与某些认知行为的研究等都有果蝇的“身影”。果蝇从卵发育成成虫的遗传信息是编写在基因组中的，在发育中基因的表达在时间和空间顺序上受到控制。在胚胎生长过程中，每个细胞中的各种基因的开和关造成了细胞的特别功能。果蝇不能在幼虫时表达腿部的基因，只能在蛹期才能长出腿，也不能在蛹期产生卵，只能在雌性的成虫产生卵细胞。产生眼球晶状体蛋白的基因，只是在形成眼睛的细胞中才有活性。从蝇、蛙到人都拥有几乎相同的一套基因。这套基因行使一个主控制功能去引导动物的生长发育过程。

2. 秀丽隐杆线虫

秀丽隐杆线虫是一种可以独立生存的线虫，有 1 对性染色体和 5 对常染色体。其基因组仅有 8 × 10bp，约有 13500 个基因。有 25% 左右的基因产生多顺反子 mRNA（Polycistronic mRNA），该特点与通过反式剪接使下游基因表达有关，基因组中非重复序列很高，达到 83%，较接近原核生物，这也反映其在进化中的地位点较为原始。自 1965 年起，科学家悉尼布雷内（Sydney Brenner）利用线虫作为研究细胞凋亡遗传调控的机制之后，线虫便成为分子生物学和发育生物学研究领域的一种模式生物。1998 年华盛顿卡耐基研究院的安德鲁·菲尔（Andrew Fire）和马萨诸塞大学癌症中心的克雷格·梅洛（Craig Mello）通过线虫实验证实，某些线虫体分子使特定基因上 RNA 遭受破坏，导致蛋白无法合成，出现寄主“基因沉默”，这一过程被称为 RNAi。天然的 RNAi 现象存在于植物动物和人类等真核生物的体内，在调解基因活力和预防病毒感染方面起到重要作用。

3. 拟南芥

拟南芥是植物科学，包括遗传学和植物发育研究中的模式生物之一。拟南芥是第一个获得了基因组完整测序的植物。基因组大约为 1.25×10^8 bp 和 5 对染色体，至今已发现的 25500 个基因的功能是理解许多植物性状的一种流行的分子生物学工具，包括花的发育和向光性。植株小与生活周期短是拟南芥的优点。作为实验室常用品系，从萌芽到种子成熟，大约为 6 个星期。拟南芥的生长发育过程在时间和空间上依靠各种基因依次表达。如此，生物体的各种代谢过程才得以有条不紊地进行。如植物开花的基因十分复杂，花的各种器官由许多基因控制着，花瓣的颜色由多种次生物质代谢产物（如黄酮类色素）决定，在开花期表达形成。花器官决定的同源异形基因作用模型，从早期 ABC 模型发展到经典 ABC 模型、ABCD 模型、ABCDE 模型，并进一步发展为四因子模型。

1.3.2 分子生物学的渗入领域

分子生物学是研究生物大分子的构造以及分析具体功能的学科，已经成为现代生物科学一个重要的分支，作为基础学科发展较为迅速。随着科学技术的发展，分子生物学几乎已渗入到生物科学的各个领域，甚至最古老的动物和植物的分类学也开始采用分子生物学研究物种的亲缘关系，于是出现了分子系统学（molecular systematics）。以下简略介绍近年来发展较快的几个重点领域。

1. 基因组学

在过去的 50 多年内，实验生命科学的主要目标是寻找特定的基因或蛋白质，从而在分子水平上根据个别的基因或蛋白质行为来解释生命活动。随着科学的发展，人们逐渐认识到，生命实际上是一个由成千上万种基因、蛋白质和其他化学分子相互作用构成的复杂系统。对于高等生物而言，除了分子层面的复杂行为外，还有细胞、组织和器官等不同层面的复杂活动；生命现象是一种复杂系统的整体行为。基因组学是在基因组水平上研究基因组结构和功能的科学，其内容包括基因的结构组成、存在方式、表达调控模式、基因的功能和相互作用等，是研究与解读生物基因组蕴藏的所有遗传信息的一门新的前沿学科。基因组研究包括两方面的内容：以全基因组测序为目标的结构基因组学（structural genomics）和以基因功能鉴定为目标的功能基因组学（functional genomics），功能基因组学又被称为后基因组（post-genome）研究，是系统生物学的重要方法。基因组学的主要工具和方法包括生物信息学、遗传分析、基因表达测量和基因功能鉴定。基因组学、转录组学、蛋白质组学与代谢组学等一同构成系统生物学的组学生物技术基础。

2. 宏基因组学

环境微生物学与分子生物学结合，产生了宏基因组学（Meta-genomIcs），又叫元基因组学。通过直接从环境样品中提取全部微生物的DNA，构建宏基因组文库，利用基因组学的研究策略研究环境样品所包含的全部微生物的遗传组成及其群落功能。宏基因组学是在微生物基因组学的基础上发展起来的一种研究微生物多样性、开发新的生理活性物质（或获得新基因）的新理念和新方法。已有研究表明，利用宏基因组学对人体口腔微生物区系进行研究，发现了50多种新的细菌，这些未培养细菌很可能与口腔疾病有关。此外，在土壤、海洋和一些极端环境中也发现了许多新的微生物种群和新的基因或基因簇，通过克隆和筛选，获得了新的生理活性物质，包括抗生素、酶以及新的药物等。短短几年来，宏基因组学的研究已经渗透到各个领域，从海洋到陆地，再到空气，从白蚁到小鼠，再到人体，从发酵工艺到生物能源，再到环境治理等。

3. 表观遗传学

发育生物学家们早已确认传统的遗传学（以DNA排序为基础的）机制绝对不是决定由一个受精卵发育成含有多种结构和功能迥异细胞群体（组织）的高等生物个体过程中生物学活动的唯一（或最为重要的）机制。英国发育生物学家威灵顿（Wellingdon）于1942年将表观遗传学定义为研究基因型产生表型（现象和机制）的学科，首次提出了基因型与表现型的概念，环境与生命体间存有一个新的不由DNA排序决定的遗传信息界面。表观遗传学（epigenetics）是诠释可遗传的基因表达、记忆的建立和细胞代间传递的，而并非由DNA排序决定机制的一门学科。表观遗传学是经典遗传学的补充与进一步的发展，涉及何时何地以何种方式去应用遗传学信息的概念。我们认识到基因组包括两类遗传信息，即DNA序列遗传信息及表观遗传学信息。人体及细胞正常功能的维持是这两种信息互相作用、保持平衡的结果，如果这两种因素的任何一种表达失衡，都有可能导致疾病的发生。从有着深刻内涵的生物学过程，如生命发育、肿瘤发生、炎症、衰老及再生医学、免疫、血管新生和重大疾病着手，解读这一位于基因型和表型之间乃至基因型和环境关联之间信息界面的组构和运营规律是生命科学研究的核心内容。一个探讨与DNA排序无关的表观遗传学现象和机制，真正地在时、空四维的生命系统中理解基因组信息的功能内涵及规律的时代已经到来。表观遗传学研究的重要性不亚于20世纪50年代沃森和克里克发现DNA双螺旋结构所引发的关于染色体上基因的研究。

4. 生物信息学

20世纪90年代以来，伴随着各种基因组测序计划的展开和分子结构测定技术的突破以及互联网的普及，数以百计的生物学数据库如雨后春笋般迅速出现和成长。这些问题对生物学工作者提出了严峻的挑战：数以亿计的ACGT序列中包含着什么信息？基因组中的这些信息怎样控制有机体的发育？基因组本身又是怎样进化的？从蛋白质的氨基酸序列能够准确预测蛋白质结构吗？这些难题已困扰理论生物学家达半个多世纪。诺贝尔奖获得者吉尔伯特（W. Gilbert）在1991年曾经指出："传统生物学解决问题的方式是实验的。现在，基于全部基因都将知晓，并以电子可操作的方式驻留在数据库中，新的生物学研究模式的出发点应是理论的。一个科学家将从理论推测出发，然后再回到实验中去，追踪或验证这些理论假设。"正是由于分子生物学的研究对生命科学的发展有巨大的推动作用，生物信息学的出现也就成了一种必然。

2001年2月，人类基因组工程测序的完成，使生物信息学走向了一个高潮。由于DNA自动测序技术的快速发展，DNA数据库中的核酸序列公共数据量以每天10^6bp速度增长，生物信息迅速膨胀成数据的海洋。毫无疑问，我们正从一个积累数据向解释数据的时代转变，数据量的巨大积累往往蕴含着突破性发现的可能，生物信息学正是在这一前提下产生的交叉学科。

该领域的核心内容是研究如何通过对DNA序列的统计计算分析更加深入地理解DNA序列、结构、演化及其与生物功能之间的关系，其研究课题涉及分子生物学、分子演化及结构生物学、统计学及计算机科学等许多领域。生物信息学是内涵非常丰富的学科，其核心是基因组信息学，包括基因组信息的获取、处理、存储、分配和解释。基因组信息学的关键是"读懂"基因组的核苷酸顺序，即全部基因在染色体上的确切位置以及各DNA片段的功能，同时在发现了新基因信息之后进行蛋白质空间结构的模拟和预测，依据特定蛋白质的功能进行药物设计。了解基因表达的调控机制也是生物信息学的重要内容，根据生物分子在基因调控中的作用，描述人类疾病，治疗内在规律。它的研究目标是揭示"基因组信息结构的复杂性及遗传语言的根本规律"，解释生命的遗传语言。因此，生物信息学已成为整个生命科学发展的重要组成部分，成为生命科学研究的前沿。

5. **系统生物学**

当前生物学的研究工作将由分解转向整合，由单一的生物分子研究转向反映生命本质的系统模式研究，生物学与数学、物理、计算机科学将更紧密地交叉，使生物学由描述性科学发展为定量预测的科学，生物学也将由分子生物学时代进入系统生物学时代。2000年1月美国科学家莱诺伊·胡德（Leroy Hood，人类基因组计划的主要发起人之一）创建了世界上第一个系统生物学研究所，这标志着系统生物学的诞生。根据Hood的定义，系统生物学是研究一个生物系统中所有组成成分（基因、mRNA、蛋白质等）的构成，以及在特定条件下这些组分间的相互关系，并通过计算生物学建立一个数学模型来定量描述和预测生物功能、表型和行为的学科。对于多细胞生物而言，系统生物学要实现从生物体内各种分子的鉴别及其相互作用的研究到途径、网络、模块，最终完成整个生命活动，是一个逐步整合的过程，可能需要一个世纪或更长时间，因此系统生物学被称为21世纪的生物学。

6. 结构分子生物学

自1990年以来在生物科学中兴起了一门新的结构生物学，主要是用物理的手段，即X射线晶体学、核磁共振波谱学、电镜技术、电子晶体学和中子衍射方法来研究生物大分子的功能和结构，从而阐明这些大分子相互作用中的机制。目前，生物大分子三维结构的研究进展极快，在全世界范围已达到平均每天能解析出三种蛋白质晶体结构的速度，而早期10年间只能解析出一种蛋白质结构，结构生物学的高速度发展对生物科学研究做出了重大贡献。高分辨的蛋白质晶体结构使我们清晰地看到蛋白质分子中多肽链如何折叠成α螺旋、β折叠片、γ转角以及整个分子的折叠情况，甚至能够看到蛋白质（酶）与配基的结合情况。在结构生物学中DNA与蛋白质的相互作用是一个重要领域，对分子生物学的理论研究至关重要。如在核酸结构中除去双股DNA外，还发现了三股DNA和四股DNA，三股DNA在抑制真核基因表达中有重要作用，而四股DNA存在于染色体的端粒（telomere）中，有稳定染色体结构的作用。目前，晶体学家已经解析出大量与DNA相互作用的蛋白质，如各种限制性内切酶（restriction enzyme）、各种阻遏蛋白（repressor）、DNA修复蛋白、TATA-box蛋白、组蛋白（histone）、转座酶（transposase）等。拓扑异构酶Ⅰ（topoisomerase Ⅰ）的三维结构也已解析出来，它在DNA复制、转录及重组中起重要作用。此外，分子生物学对结构生物学的发展也有很大帮助。从动植物、微生物细胞中分离纯化蛋白质是一项十分艰苦的工作，由于大多数蛋白质在细胞中的含量都很低，要想分离纯化出某种蛋白质，进行晶体培养，是相当困难的。现在，我们可以将编码某种蛋白质的基因用分子生物学技术进行克隆，用聚合酶链式反应（PCR）扩增，然后与融合蛋白质粒（fusion protein plasmid）构建成表达质粒，用它转化大肠杆菌，然后进行发酵培养，即可得到大量含有该种蛋白质的菌体。从这些菌体中即可分离纯化出足够数量的该种蛋白质，培养晶体就变得容易多了。

7. 蛋白质工程

蛋白质工程是在基因重组技术、生物化学、分子生物学、分子遗传学等学科的基础之上，融合了蛋白质晶体学、蛋白质动力学、蛋白质化学和计算机辅助设计等多学科发展起来的新兴研究领域。人们根据需要合成具有特定氨基酸序列和空间结构的蛋白质，确定蛋白质化学组成、空间结构与生物功能之间的关系。在此基础之上，实现从氨基酸序列预测蛋白质的空间结构和生物功能，设计合成具有特定生物功能的全新的蛋白质。也可以采用定点突变（site-directed mutagenesis）法使基因结构发生改变，从而改变基因表达产物中的氨基酸残基，就有可能使我们了解蛋白质中每个氨基酸甚至每个化学基团所起的作用。

8. 基因组测序

目前，动植物和微生物基因组的研究已成为分子生物学的重大课题。DNA测序技术是现代生物学研究中重要的手段之一。人类基因组和其他一些生物基因组的大规模测序将成为科学史上的一个里程碑。基因组测序带动了一大批相关学科和技术的发展，一批新兴学科脱颖而出，生物信息学、基因组学、蛋白质组学等便是一批最前沿的新兴学科。可以说，基因组测序及其序列分析使整个生命科学界真正认识了生物信息学，生物信息学也真正成了一门受到广泛重视的独立学科。目前人类全基因组序列已基本测定完成，另有一大批生物也已完成基因组测定或正在进行。自 1977 年第一代测序技术问世以来，经过三十几年的努力，DNA 测序技术已经取得了很大的发展，在第一代和第二代测序技术的基础上，以单分子测序为特点的第三代测序技术已经诞生。世界上无数大型测序仪（最好的测序仪一次可以阅读 1000 多个碱基）日夜不停地运转，每日获得的序列数据以百万和千万计。面对基因组的天文数据，分析方法举足轻重，大量新的分析方法被提出和改进，大量重要基因被发现，同时大量来自基因组水平上的分析比较结果被公布，这些结果正在改变人类已有的一些观念。

9. *基因治疗和转基因技术领域*

分子生物学在实际方面的发展令人乐观。在医学方面，1991 年美国批准了人类第一个对遗传病进行体细胞基因治疗的方案，即将腺苷脱氨酶基因（ADA）导入一个患有严重复合免疫缺陷综合征（SCID）的 4 岁女孩身体中进行疾病治疗。经过十多年的发展，基因治疗的研究已经取得了不少进展。或许正如基因治疗的奠基者所预言的那样，基因治疗这一新技术将会推动 21 世纪的医学革命。从 1983 年以来，生物学家已经知道怎样将外来基因移植到某种植物的脱氧核糖核酸中去，以便使它具有某种新的特性，如抗除莠剂的特性、抗植物病毒的特性、抗某种害虫的特性等。这个基因可以来自任何一种生命体，如细菌、病毒、昆虫等。通过生物工程技术，人们可以给某种作物注入一种靠杂交方式根本无法获得的特性，这是一场人类 9000 年作物栽培史上的空前革命。世界上第一种基因移植作物是一种含有抗生素药类抗体的烟草，它于 1983 年被培植出来。直到 10 年以后第一种市场化的基因食物才在美国出现，是一种可以延迟成熟的西红柿。1996 年，由这种西红柿食品制造的西红柿饼才得以允许在超市出售。美国是转基因技术应用最多的国家。目前美国农产品的年产量中 55% 的大豆、45% 棉花和 40% 的玉米已逐步转化为通过基因改制方式生产。迄今为止，转基因牛羊、转基因鱼虾、转基因粮食、转基因蔬菜和转基因水果在国内外均已培育成功并已投入食品市场。据估计，从 1999 年到 2004 年，美国基因工程农产品和食品的市场规模从 40 亿美元扩大到 200 亿美元，到 2019 年将达到 750 亿美元。有专家预计：21 世纪初，很可能美国的每一种食品中都含有一定量基因工程的成分。利用反义 RNA（antisense RNA）技术延长果实、蔬菜的保鲜期和改变花卉的花色也已取得成果，这些都是分子生物学在实际方面的贡献。随着分子生物学和生物技术的发展，其在医学和农业方面必将对人类的健康和生活做出更大的贡献。

第 2 章　DNA 的生物反应

2.1　DNA 复制

DNA 复制是指在细胞分裂之前亲代细胞基因组 DNA 的加倍过程。当细胞分裂结束时，每个子代细胞都会得到一套完整的、与亲代细胞相同的基因组 DNA。当 DNA 的双螺旋结构被揭示时，人们认识到 DNA 分子的两条单链彼此互补可以作为复制的基础，也就是每个亲代 DNA 分子双链中的任一条链都可以作为模板指导合成子代 DNA 的互补链。

在 DNA 分子上，每次复制发生的单位叫复制子（replicon）。复制子包括了从复制的起始位点直到终止位点的全部 DNA 序列。

大肠杆菌（*E.coli*）具有单一的环状染色体，它的染色体就是 1 个复制子。整个染色体在 1 个起始位点上引发整个基因组的复制，每次细胞分裂复制 1 次。除了染色体，细菌还可能含有质粒。质粒是 1 个独立的环状 DNA，含有自己的复制起始位点，是 1 个独立的复制子。质粒可能是单拷贝的（single copy），在每次细胞分裂的周期中复制 1 次。也可能是多拷贝的（multicopy），在每次细胞周期中复制许多次，结果是每个细菌中有许多质粒的拷贝。每个噬菌体或病毒 DNA 也是 1 个复制子，在 1 个侵染周期中可以启动许多次。

细菌染色体与真核生物染色体的重要区别之一是复制。每个真核染色体都有大量的复制子，尽管这些复制子并非同时具有活力，但在 1 个细胞周期中，每个复制子都要启动 1 次，而且不会多于 1 次。

2.1.1　DNA 复制特征

无论是在原核生物还是在真核生物中，DNA 的复制合成都需要 DNA 模板、dNTP 原料、DNA 聚合酶、引物和 Mg^{2+}。DNA 聚合酶催化脱氧核苷酸以 3'，5'- 磷酸二酯键相连合成 DNA，合成方向为 5' → 3'。

沃森和克里克于 1953 年提出双螺旋模型时就推测了 DNA 复制的基本方式，并认为碱基配对原则使 DNA 复制和修复成为可能。现已阐明，在绝大多数生物体内，DNA 复制的基本方式是相同的。

1. 半保留复制

DNA 在复制过程中，两条亲本链之间的氢键断裂，双链分开，以每条亲本链为模板，按碱基互补配对原则选择脱氧核糖核苷三磷酸，由 DNA 聚合酶催化合成新的互补子链（daughter strand）。复制结束后，每个子代 DNA 的一条链来自亲代 DNA，另一条链则是新合成的，并且新形成的两个 DNA 分子与原来的 DNA 分子的碱基序列完全相同。这种复制方式被称为半保留复制（semiconservative replication）。

1958 年，梅塞尔森（Meselson）和斯特尔（Stahl）设想通过用 ^{15}N 标记大肠埃希菌 DNA 的实验证实上述半保留复制的假想。他们将大肠埃希菌（*E.coli*）放在含 $^{15}NH_4CI$ 的培养液中培养若干代后，DNA 全部被 ^{15}N 标记成为“重 DNA”（^{15}N-DNA），密度大于普通 ^{14}N-DNA（“轻”DNA），经 CsCl 平衡密度梯度超速离心后，出现在靠离心管下方的位置。如果将含 ^{15}N-DNA 转移到 $^{14}NH_4CI$ 的培养液中进行培养，按照 *E.coli* 分裂增殖的世代分别提取 DNA 进行平衡密度梯度超速离心分析，随后发现第一代 DNA 只出现一条区带，位于 ^{15}N-DNA（“重”DNA）和 ^{14}N-DNA（“轻”DNA）之间；第二代的 DNA 在离心管中出现两条区带，其中上述的中等密度的 DNA 与“轻”DNA 各占一半。随着 *E.coli* 继续在 $^{14}NH_4C1$ 的培养液中进行培养，发现“重 DNA”不断被稀释掉，而“轻 DNA”的比例会越来越高。

随后的许多实验研究也证明 DNA 的半保留复制机制是正确的，其对于保证遗传信息传代的准确性有着重要的意义。

2. 从复制起点双向复制

DNA 的解链和复制是从特定位点开始的，该位点称为复制起点（origin of replication，ori）。从 1 个复制起点引发复制的全部 DNA 序列称为 1 个复制子。原核生物的 DNA 分子通常只有 1 个复制起点，复制时形成单复制子结构；而真核生物的 DNA 分子有多个复制起点，可以从这些复制起点同时进行复制，形成多复制子结构。

用放射自显影技术研究大肠杆菌 DNA 的复制过程，证明其 DNA 是边解旋边复制的。DNA 复制时在解链点形成分叉结构，这种结构称为复制叉。绝大多数生物的 DNA 复制都是双向的，即从 1 个复制起点朝两个方向进行，形成 2 个复制叉。原核生物的一些小分子 DNA 是单向复制的，例如大肠杆菌的一种质粒 ColE1。

DNA 分子在复制过程中，从复制原点开始，双链解开形成单链，分别以每条链为模板，按照碱基互补配对原则合成互补链，出现叉子状的生长点。复制正在发生的位点叫作复制叉（replication fork）。1 个复制叉从复制原点开始沿着 DNA 逐渐移动。

DNA 复制的方向大多数是双向的，即形成 2 个复制叉，分别向两侧进行复制。也有一些是单向的，只形成 1 个复制叉。通常复制是对称的，两条链同时进行复制。有些则是不对称的，一条链复制后再进行另一条链的复制。

3. 半不连续

由于DNA复制的方向总是为5'→3'，而构成DNA双螺旋的两条链呈反平行关系，所以，在 1 个复制叉内进行的 DNA 复制很可能以半不连续（semi-discontinuous）的方式展开，即其中的一条子链的延伸方向与复制叉前进的方向相同，连续合成，另一条子链的延伸方向与复制叉前进的方向相反，需要先合成一些小的不连续的片段，然后再将这些不连续的片段连接起来，成为一条连续的链，这样的合成称为不连续合成。

日本生物学家冈崎令治（Reiji Okazaki）使用 [3H]- 脱氧胸苷进行脉冲标记和脉冲追踪实验，证明 DNA 复制是以半不连续的方式进行的。脉冲标记实验使用放射性同位素即时标记在特定时段内合成的 DNA，而脉冲追踪实验则可以确定被标记上的 DNA 片段后来的去向。结果表明 T4 噬菌体 DNA 的复制至少有一条子链是不连续合成的。

DNA 复制出错的机会很小，其忠实性明显高于转录、反转录、RNA 复制和翻译。DNA 复制的高度忠实性归功于细胞内存在一系列互为补充的纠错机制（参看 DNA 复制的高度忠实性）。

研究发现，在 1 个复制叉上进行的 DNA 合成是半不连续的。其中一股新生链的合成方向与其模板的解链方向一致，所以合成与解链可以同步进行，是连续合成的，这股新生链称为前导链（leading strand）；而另一股新生链的合成方向与模板的解链方向相反，只能先解开一段模板，再合成一段新生链，是不连续合成的，这股新生链称为后随链（lagging strand）。分段合成的后随链片段被称为冈崎片段。

4. D–环复制

线粒体 DNA 编码参与电子传递和氧化磷酸化的蛋白质以及其他一些线粒体蛋白质。线粒体 DNA 复制是一种起始很特殊的单向复制模式。

线粒体 DNA 有 2 个复制起点，分别用于每条子代链的合成。合成首先在前导链模板开始进行单向复制。随着前导链的合成，前导链取代后随链模板，形成了 1 个后随链模板取代环（D-环）。

当前导链合成完成三分之二时，D-环通过并暴露出后随链模板复制的起点。此时开始后随链合成，合成方向与前导链合成方向相反，也是单向进行的。因为后随链复制推迟，所以当前导链合成已经完成时，后随链合成才进行到三分之一。无论前导链还是后随链的合成都需要 RNA 引物，而且每条链合成都是在 DNA 聚合酶 I 催化下连续进行的。

5. 滚环复制

细菌环状 DNA 复制是从复制起点开始，双向同时进行，形成 θ 样中间物，又称为“θ 型”复制，最后两个复制方向相遇而终止复制。一些简单的环状 DNA 如质粒、病毒 DNA 或 F 因子经接合作用转移 DNA 时，采用滚环复制。

细菌质粒 DNA 在进行滚环复制时，亲代双链 DNA 的一条链在 DNA 复制起点处被切开，5' 端游离出来。DNA 聚合酶Ⅲ可以将脱氧核苷酸聚合在 3'-OH 端。没有被切开的内环 DNA 可作为模板，由 DNA pol Ⅲ在外环切口上的 3'-OH 末端开始进行聚合延伸。另外，外环的 5' 端不断向外侧伸展，并且很快被单链结合蛋白所结合，作为模板指导另一条链的合成延伸。DNA 聚合酶Ⅰ切除 RNA 引物，并填充间隙构成完整的 DNA 链。但以外环链解开形成的模板，只能使相应的互补链不连续地合成。随着以内环链作模板进行的复制，以及外环单链的展开，意味着整个质粒环要不断向前滚动，最终得到两个与亲代相同的子代环状 DNA 分子。

2.1.2 DNA 复制体系

DNA 复制是一个非常复杂的生物合成过程，涉及多种生物分子。除需亲代 DNA 分子为模板外，还需要四种脱氧核苷三磷酸（dNTP）为底物，以及提供 3'-OH 末端的引物。此外还需要许多相关酶和蛋白因子的参与，其中部分酶和蛋白质结合在一起，协同动作，构成复制体（replisome）。原核生物和真核生物 DNA 复制均涉及 DNA 聚合酶、拓扑异构酶、解旋酶、单链结合蛋白、引发酶及连接酶等酶和蛋白质的参与。

2.1.2.1 DNA 聚合酶

DNA 聚合酶也称为依赖 DNA 的 DNA 聚合酶。1957 年，科恩伯格（Kornberg）首次在大肠杆菌中发现 DNA 聚合酶Ⅰ。此后，在原核生物和真核生物中相继发现了多种 DNA 聚合酶。

这些 DNA 聚合酶有以下共同性质。

①需要 DNA 模板。

②需要 RNA 或 DNA 作为引物，即 DNA 聚合酶不能从头催化 DNA 的合成。

③催化反应具有方向性，催化 dNTP 加到引物的 3'-OH 末端，因而 DNA 合成的方向为 5' → 3'。

④属于多功能酶，有三种催化活性，分别在 DNA 复制和修复过程的不同阶段发挥作用。

目前已发现的大肠杆菌 DNA 聚合酶有五种，对 DNA 聚合酶Ⅰ、Ⅱ、Ⅲ研究比较明确。表 2-1 为大肠杆菌 DNA 聚合酶的性质。

2–1 大肠杆菌 DNA 聚合酶的性质

特性	DNA 合酶Ⅰ	DNA 合酶Ⅱ	DNA 合酶Ⅲ
5' → 3' 聚合作用	+	+	+
3' → 5' 外切酶活性	+	+	+
5' → 3' 外切酶活性	+	–	–
体外实验链延伸速率 /（bp/s）	16~20	2~5	250~1000
每个细胞的分子数	约 400	100	10~20

2.1.2.2 解旋、解链酶类和单链 DNA 结合蛋白

DNA 分子的碱基位于紧密缠绕的双螺旋内部，只有将 DNA 双链解成单链，它才能起

模板作用。因此，DNA 的复制包括 DNA 分子双螺旋构象变化及双螺旋的解链。复制解链时应沿同一轴反向旋转，因 DNA 链很长，且复制速度快，旋转达 100 次 /s，极易发生 DNA 分子打结、缠绕、连环现象。闭环状态的 DNA 又按一定方向扭转形成超螺旋，通常 DNA 分子的扭转是适度的，若盘绕过分称为正超螺旋，盘绕不足则称为负超螺旋。

复制起始时，需多种酶和蛋白质因子参与，目前已知的解旋、解链酶类和蛋白质主要有解 螺旋酶、DNA 拓扑异构酶和单链 DNA 结合蛋白。它们共同将螺旋或超螺旋解开、理顺 DNA 链，并维持 DNA 分子在一段时间内处于单链状态。

1. 解螺旋酶

DNA 双螺旋在复制和修复中必须解链，以提供单链 DNA 模板。DNA 双螺旋不会自动打开，解螺旋酶可以促使 DNA 在复制位置处打开双链。解螺旋酶可以和 DNA 分子中的一条单链 DNA 结合，利用 ATP 分解成 ADP 使产生的能量沿 DNA 链向前运动，促使 DNA 双链打开。大肠杆菌中已发现有两类解螺旋酶参与这个过程，一类称为解螺旋酶Ⅱ或解螺旋酶Ⅲ，与随后链的模板 DNA 结合，沿 5' → 3' 方向运动；第二类称为 Rep 蛋白，和前导链的模板 DNA 结合，沿 3' → 5' 方向运动。

2.DNA 拓扑异构酶

拓扑是指物体或图像作弹性位移而保持物体原有的性质。在 DNA 复制过程中，需要部分 DNA 呈现松弛状态，使其他部分的 DNA 由于呈现正、负超螺旋状态而出现打结或缠绕等拓扑学性质的改变。DNA 拓扑异构酶是一类通过催化 DNA 链的断裂、旋转和重新连接而改变 DNA 拓扑学性质的酶。在 DNA 复制、转录、重组和染色质重塑等过程中，DNA 拓扑异构酶的作用是调节 DNA 的拓扑结构，促进 DNA 和蛋白质相互作用。

3. 单链 DNA 结合蛋白

单链结合蛋白（single strand binding protein，SSB）能与已被解链酶解开的单链 DNA 结合，以维持模板处于单链状态，又可保护其不被核酸酶水解。单链 DNA 结合 SSB 后，既可避免重新形成双链，又可避免自身发夹螺旋的形成，还能使前端双螺旋的稳定性降低，易被解开。当 DNA 聚合酶在模板上前进，逐个接上脱氧核苷酸时，SSB 即不断脱离，又不断与新解开的链结合。*E.coli* 中的 SSB 为四聚体，对单链 DNA 具有很高的亲和性，但对双链 DNA 和 RNA 没有亲和力。它们与 DNA 结合时有正协同作用。而真核生物的 SSB 没有协同作用。SSB 可以循环使用，在 DNA 的修复和重组中均有参与。

2.1.2.3　引物与引物酶

人们在研究各种 DNA 聚合酶所需的反应条件时发现，已知的任何一种 DNA 聚合酶都不能从起始合成一条新的 DNA 链，必须有一段引物。已发现的大多数引物为一段 RNA，长度一般为 1~10 个核苷酸。合成这种引物的酶称为引物酶，这种 RNA 聚合酶与转录时的 RNA 聚合酶不同，其对利福平不敏感。引物酶在模板的复制起始部位催化互补碱基的聚合，形成短片段的 RNA。

引物之所以是RNA而不是DNA，是因为DNA聚合酶没有催化两个游离dNTP聚合的能力，生成RNA的核苷酸聚合可以使酶促的游离NTP聚合。一段短RNA引物即可以提供3'-OH末端使dNTP加入、延长。

2.1.2.4 连接酶

DNA连接酶（DNA ligase）可以催化两段DNA链之间磷酸二酯键的形成，从而连接两条链。DNA连接酶不能连接两分子单链的DNA，只能作用双链DNA分子中一条链上缺口的两个相邻末端。如果DNA两条链都有缺口，只要缺口两端的碱基互补，也可被DNA连接酶连接。例如，DNA经限制性内切核酸酶切割后，两个片段的黏性末端相配，DNA连接酶能使之连接。即使是两段平齐DNA，DNA连接酶也能使之连接。在DNA复制过程中，当RNA引物清除后，靠DNA聚合酶Ⅰ填补空缺，冈崎片段之间的缺口靠DNA连接酶作用而连成一条完整的新链。DNA连接酶在DNA损伤修复中亦起重要作用，并且是一种重要的工具酶。DNA连接酶催化连接反应时需要能量，在原核生物中由NAD+供能，在真核生物中由ATP供能。

可归纳DNA连接酶的作用特点为，①只能连接DNA链上的缺口，不能连接空隙或裂口。缺口指DNA某一条链上两个相邻核苷酸之间的磷酸二酯键被破坏所形成的单链断裂；裂口指DNA某一条链上失去1个或数个核苷酸所形成的单链断裂。②只能连接碱基互补基础上双链中的单链缺口，而对单独存在的DNA单链或RNA单链没有连接作用。③如果DNA两股都有单链缺口，只要缺口前后的碱基互补，也可由连接酶连接。

DNA连接酶不仅在复制中起最后连接缺口的作用，而且在DNA修复、重组、剪接中也起着缝合缺口的作用，它也是基因工程（DNA体外重组技术）的主要工具酶之一。

2.1.3 原核生物DNA复制过程

1. 复制的起始

DNA复制的起始阶段需要在引发体作用下合成RNA引物。噬菌体ΦX174的引发体是由Dna B（解旋酶）Dna G（引物酶）和至少6种前引发蛋白质构成的复合体，它可以将SSB（单链结合蛋白）置换下来，并按5'→3'方向合成约10~60个核苷酸的RNA引物。引发体的形成包含下列主要步骤。

①在HU蛋白、整合宿主因子的帮助下，Dna A蛋白四聚体在ATP参与下，结合于复制起始点OriC的9bp重复顺序（富含A-T对）。这种结合具有协同性，能使20~40个Dna A蛋白在较短的时间内结合到OriC附近的DNA上。Hu是细菌内最丰富的DNA结合蛋白，它与IHF具有相似的结构和性质。但与IHF不同的是，Hu与DNA结合是非特异性的，而IHF则特异性的与OriC进行位点结合。Hu能激活或者抑制IHF与OriC的结合，其调节的方向取决于Hu和IHF之间的相对浓度。

② Dna A 蛋白组装成蛋白核心，DNA 则环绕其上形成类似核小体的结构。

③ Dna A 蛋白所具有的 ATP 酶活性，水解 ATP 以驱动 13bp 重复序列内富含 A-T 碱基对的序列解链，形成长约 45bp 的开放起始复合物。

④在 Dna C 蛋白和 Dna T 蛋白的帮助下，2 个 Dna B 蛋白被招募到解链区，此过程也需要消耗 ATP。

⑤在 Dna B 蛋白的作用下，解链区域不断扩大，形成复制泡和 2 个复制叉。随着单链区域的扩大，多个 SSB 结合于解开的 DNA 单链部分，稳定单链 DNA。Dna B 解螺旋形成的扭曲张力，在 Top Ⅱ 的作用下被消除。至此，DNA 复制的起始阶段基本完成，形成的复合物称预引发体。

2. DNA 链的延伸过程

DNA 复制的延长是指在 DNA 聚合酶的催化下，底物 dNTP 通过磷酸二酯键依次加入引物或延长中的 DNA 子链上的过程。这一过程首先需要形成复制体。

DNA 复制延伸过程主要包括前导链和后随链的合成。前导链和后随链均由引发酶合成引物，前导链只需合成一条引物，后随链中每个冈崎片段都需要合成引物。特异的引发酶催化合成 RNA 引物后即可以由 DNA 聚合酶 HI 进行延伸。前导链和后随链的合成是由同一个 DNA 聚合酶 HI 完成的。DNA 聚合酶 DI 全酶含有两个拷贝的核心酶，每个核心酶可负责一条新链的合成。当前导链上开始 DNA 合成和复制，并又向前移动时，后随链模板绕聚合酶向后回折成环，穿过核心酶，从而使两条模板链呈相同的 3' → 5' 走向。随着后随链模板在聚合酶中穿行，DNA 聚合酶从 RNA 引物合成冈崎片段。当合成的 DNA 链到达前一次合成的冈崎片段的 5'-P 时，后随链模板及刚合成的冈崎片段便从 DNA 聚合酶Ⅲ上释放出来。这时，由于复制叉继续向前移动，便又产生了一段单链的后随链模板，它重新环绕 DNA 聚合酶Ⅲ全酶，并通过 DNA 聚合酶Ⅲ开始合成新的后随链冈崎片段。

原核生物 DNA 复制的链延伸过程如下：

①在 Pri A，Pri B 和 Pri C 蛋白的帮助下，Dna G 蛋白（引发酶）被招募到 2 个复制叉上，与 Dna B 蛋白结合在一起，Dna A 蛋白逐渐脱离复合物。

② Dna G 沿着 DNA 模板链合成前导链的 RNA 引物。

③ Dna G 沿着 DNA 模板链合成后随链的 RNA 引物。

④ DNA pol Ⅲ结合到两个复制叉上。

⑤由 DNA pol Ⅲ分别合成前导链和后随链。

3. 复制的终止

复制的终止意味着从 1 个亲代 DNA 分子到 2 个子代 DNA 分子的合成结束。复制时，领头链可连续合成，但随从链是不连续合成的。因此，在复制的终止阶段，主要 DNA 聚合酶 I 切除引物，延长冈崎片段以填补引物水解留下的空隙。当上一个冈崎片段 3' 末端延伸至与下一个冈崎片段的 5' 末端相邻时，DNA 连接酶可催化前一片段上 3'-OH 与后一片段的 5' 磷酸形成磷酸二酯键，从而缝合两片段间的缺口，得到连续的新链。

由于细菌的染色体 DNA 是环状结构，复制时经两个复制叉各自向前延伸，并互相向着一个终止点靠近。两个复制叉的延伸速度可以是不同的。如果把 *E.coli* 的 DNA 等分为 100 等份，其复制的起始点在 82 位点，复制终止点在 32 位点；而猿猴病毒 SV40 复制的起始点和终止点则刚好把环状 DNA 分为两个半圆，两个复制叉向前延伸，最后同时在终止点上汇合。复制终点有约 22bp 组成的终止子，能结合专一性蛋白质 Tus。*E.coli* 的终止子是 terA~terF，其中 terA，terD，terE 与 Tus 结合使顺时针方向的复制叉停顿，terB，terC，terF 使反时针方向的复制叉停顿，帮助复制的终止。

2.1.4 真核生物 DNA 复制过程

研究真核生物 DNA 的复制是一项困难的工作，目前有关的资料主要是从对 SV40 病毒和酵母菌的研究中得到的。真核生物 DNA 复制的基本过程与原核生物相似，但参与复制的酶和蛋白质与原核生物不同，复制起始的调控更加复杂。

真核细胞核 DNA 是多起点双向复制的，构成了多个复制子。真核生物 DNA 复制的冈崎片段长为 100~200 个核苷酸，相当于 1 个核小体 DNA 的长度。真核细胞在完成全部染色体复制之前，各复制子不能再开始新一轮复制。在 DNA 复制的同时，还要组装新的核小体。同位素标记实验表明，在真核复制子上亲代染色质上的核小体被逐个打开，组蛋白八聚体可直接转移到子代前导链上，而随后链则由新合成的组蛋白组装。

真核细胞 DNA 的复制在很多方面和原核细胞都相似，例如，都有半保留复制、都是半不连续复制，都需要解旋酶解开双螺旋，并由 SSB 同单链区结合，都需要拓扑异构酶消除解螺旋形成的扭曲张力，都需要 RNA 引物，新链合成都有校对机制等。二者之间也有差别，例如，①原核生物为单起点复制，真核生物为多起点复制。原核生物的复制子大而少，真核生物的复制子小而多。②原核生物复制叉移动的速度为 900nt/s，真核生物复制叉移动的速度为 50nt/s。③原核生物冈崎片段的大小为 1000~2000nt，真核生物冈崎片段的大小为 100~200nt。④真核细胞的 DNA 聚合酶和蛋白质因子的种类比原核细胞多，引发酶活性由 DNA pola 的两个小亚基承担。⑤原核细胞在第一轮复制还没有结束的时候，就可以在复制起始区启动第二轮复制。真核细胞的复制有复制许可因子控制，复制周期不可重叠。⑥原核生物的 DNA 为环形分子，DNA 复制时不存在末端会缩短的问题。真核生物的 DNA 为线形分子，DNA 复制时末端会缩短，需要端粒酶解决线形 DNA 的末端复制问题。

1. 复制的起始

真核细胞 DNA 复制的起始过程与原核细胞相似，但详细机制尚不清楚。首先，在结构上，真核细胞 DNA 有多个复制起始点，而且复制起始点的特殊序列比大肠杆菌的 OriC 短，同时需要克服核小体和染色质结构对 DNA 复制的阻碍。其次，真核细胞的 DNA 复制起始具有时序性。细胞分裂的时相变化称为细胞周期。典型的细胞周期分为 G1 期、S 期、G2 期和 M 期。真核生物在细胞周期的 S 期合成 DNA。据发现，转录活性高的 DNA 在 S 期的早期进行复制，高度重复序列 DNA 则在 S 期的晚期进行复制。再次，细胞周期蛋白和细胞周期蛋白依赖激酶（CDK）精确地调节细胞是否进入 S 期以及 DNA 复制起始复合物的活性。最后，复制的起始需要具有引物酶活性的 DNA Pol α 和具有解旋酶活性的 DNA pol δ 参与。PCNA 在复制和延长中起关键作用。

真核生物复制的起始分两步进行，即 ARS 的选择和复制起始点的激活。首先，在 G1 期，由复制起始点识别复合物（ORC）的 6 个蛋白质，识别并结合 ARS，只在 G 期合成的不稳定蛋白 Cdc6（复制起始蛋白）和 ORC 结合，并允许 MCM（小染色体维系蛋白）2~7 蛋白在 DNA 周围形成环状复合体，此时由 ORC、Cdc6 和 MCM 蛋白组装形成前复制复合物（pre-RC）。但复制不能在 G1 期启动，因为 pre-RC 只能在 S 期细胞周期蛋白依赖性激酶（CDK）磷酸化激活后才起始复制。复制起始时，Cdc6 和 MCM 蛋白被替代，Cdc6 蛋白的快速降解可阻止复制的重新起始。

2. 复制的延伸

真核生物在复制叉和引物生成后，DNA Pol δ 在 PCNA 的协同作用下，在 RNA 引物的 3'-OH 上连续合成前导链。后随链的冈崎片段也由 DNA Pol δ 酶催化合成。已经证明，真核生物冈崎片段的长度大致与核小体的大小（135bp）或其倍数相当。当随链合成至核小体大小时，DNA pol δ 酶脱落，而由 DNA pol α 再引发下一个引物的合成。当引物合成后，DNA Pol δ 继续催化新的冈崎片段合成。与原核生物不同的是，真核生物 DNA 复制时的引物既可以是 RNA 也可以是 DNA。

3. 复制的终止

真核生物染色体 DNA 是线性结构，复制子内部冈崎片段的连接及复制子之间的连接均可在线性 DNA 内部完成。但问题是染色体两端新链的 RNA 引物被去除后留下的空隙如何填补？如果产生的 DNA 单链不填补成双链，就易被核内 DNase 水解，造成子代染色体末端缩短，形成所谓的“线性染色体末端问题”。

事实上，大多数真核生物染色体在正常生理状况下复制，是可以保持其应有长度的，这是因为染色体的末端有一特殊结构可维持染色体的稳定性，这种真核生物染色体线性 DNA 分子末端的特殊结构称为端粒。形态学上，染色体末端膨大成粒状，DNA 和它的结合蛋白紧密结合时，形成像两顶帽子盖在染色体两端，故有时又称之为“端粒帽”。端粒可防止染色体间末端连接，并可补偿 DNA 5' 末端去除 RNA 引物后造成的空缺，可见端粒对维持染色体的稳定性及 DNA 复制的完整性起重要作用。端粒由 DNA 和蛋白质组成，DNA 测序发现端粒的共同结构是富含 T、G 的重复序列。例如，人的端粒 DNA 含有 TTAGGG 重复序列。端粒重复序列的重复次数由几十到数千不等，并能反折成二级结构。

2.2 逆转录

以RNA为模板合成DNA，与转录过程中遗传信息从DNA到RNA的方向相反，称为逆转录，催化这一过程的逆转录酶（reverse transcriptase，RT）是在1970年的致癌RNA病毒中发现的，如所有的DNA和RNA聚合酶一样，逆转录酶也含Zn^{2+}，以4种dNTP为底物，合成与RNA碱基序列互补的DNA，即互补DNA（complementary DNA，cDNA）。以病毒本身的RNA作模板时，逆转录酶的活性最强，含有逆转录酶的病毒称逆转录病毒。

2.2.1 逆转录酶和病毒

2.2.1.1 逆转录酶

逆转录酶是由逆转录病毒基因组编码的一种多功能酶，具有三种催化活性：

1. 逆转录活性

逆转录活性即RNA指导的DNA聚合酶活性，能以RNA为模板，以5'→3'方向合成其单链互补DNA（sscDNA），形成RNA-DNA杂交体。逆转录反应需要引物提供3'-羟基，逆转录病毒的常见引物为其自带的tRNA。

2. 水解活性

水解活性即RNase H活性，能特异地水解RNA-DNA杂交体中的RNA，获得游离的sscDNA。

3. 复制活性

BP DNA指导的DNA聚合酶活性，能催化复制sscDNA，得到双链互补DNA（dscDNA）。sscDNA和dscDNA统称互补DNA（cDNA）。

逆转录酶没有3'→5'和5'→3'外切酶活性，所以没有校对功能，在DNA合成过程中错配率相对较高（1/20000）。这可能是各种逆转录病毒突变高、不断形成新病毒株的原因。

2.2.1.2 逆转录病毒

逆转录病毒基因组RNA的编码区包括3个结构基因：种群特异性抗原基因、聚合酶基因和被膜蛋白（gag）基因。如果是肿瘤病毒，还可能含有编码癌蛋白（oncoprotein）的癌基因one。5'-端的非编码区包括帽子结构、5'-端的末端正向重复序列（R）、5'-端特有序列（5f-end unique，U5）、引物结合位点（primer-binding site，PBS）和拼接信号。3'-端的非编码区包括3'-端尾巴、3'-端的末端正向重复序列（R）、3'-端特有序列（3'-end unique，U3）和引发第二条DNA链合成的多聚嘌呤区域（polypurine tract，PPT）。

常见的逆转录病毒有劳氏肉瘤病毒（rous' sarcoma virus，RSV）、猫白血病病毒（feline leukemia virus，FeLV）、小鼠乳腺肿瘤病毒（mouse mammary tumor virus，MMTV）和人类免疫缺陷病毒（human immunodeficiency virus，HIV）。

2.2.2　逆转录过程

当逆转录病毒感染宿主细胞时，其基因组 RNA、引物 tRNA 和逆转录酶进入细胞，逆转录酶以基因组 RNA 为模板逆转录合成其前病毒 DNA。逆转录过程极为复杂，包括以病毒基因组 RNA 为模板合成单链互补 DNA、水解 RNA-DNA 杂交体中的 RNA、复制单链互补 DNA 形成双链互补 DNA（即前病毒 DNA）等内容。

前病毒 DNA 合成之后进入细胞核，整合人染色体 DNA。前病毒 DNA 仅在整合状态下才能转录，因此整合是逆转录病毒生命周期中的必要步骤。

逆转录机制的阐明完善了中心法则。遗传物质不只是 DNA，也可以是 RNA。因为许多 RNA 还直接参与代谢，具有功能多样性，所以越来越多的科学家认为在进化史上 RNA 可能先于 DNA 出现。

研究逆转录病毒有助于阐明肿瘤的发生机制，探索肿瘤的防治策略。已知的致癌 RNA 病毒都是逆转录病毒，通过研究其生命周期中的感染、逆转录、整合、表达、包装等环节的代谢机制，可以在关键环节发现药物靶点，有针对性地开发有效药物。

逆转录酶是重组 DNA 技术重要的工具酶，可以用于逆转录合成 cDNA，制备 cDNA 探针、构建 cDNA 文库等。常用的是来自禽成骨髓细胞性白血病病毒的逆转录酶和来自 Moloney 小鼠白血病病毒的逆转录酶。

2.3　DNA 的损伤与修复

DNA 聚合酶具有校对功能，可以保证 DNA 复制的保真性，对遗传信息在细胞分裂过程中的准确传递至关重要。不过，DNA 复制的保真性并不是万无一失的，虽然极少出错，但还是会发生。另外，即使在非复制期间，DNA 也会由于各种因素造成损伤，损伤的可能是碱基、脱氧核糖、磷酸二酯键或一段序列。总之，DNA 的正常序列或结构会发生异常，甚至导致突变。这种突变所导致的表型改变，一方面是物种进化的基础，另一方面是个体患病甚至死亡的主要原因。不过，在漫长的进化过程中，生物体已经建立了各种修复系统，可以修复 DNA 损伤，以保证生命的延续性和遗传的稳定性。

2.3.1 DNA 损伤

2.3.1.1 基本概念

DNA 损伤（DNA injury 或 DNA damage）是指在生物体生命过程中 DNA 双螺旋结构发生的非正常的改变，包括单个碱基的改变和双螺旋结构的异常扭曲等。前者是通过序列改变作用于子代，改变子代的遗传信息，它仅影响 DNA 序列而不改变 DNA 的整体结构；后者则对 DNA 复制或转录产生生理性伤害。

DNA 遭受损伤后可以被修复，而其他大分子在损伤后要么被取代，要么被降解。但并非所有 DNA 损伤都可以被修复，如果 DNA 受到的损伤来不及修复，不仅会影响 DNA 的复制和转录，还可能导致细胞的癌变或早衰甚至死亡。

2.3.1.2 DNA 损伤因素

引起 DNA 损伤的因素很多，既有 DNA 复制过程中的自发性损伤，也有受细胞内外理化因素影响造成的损伤，前者主要影响 DNA 的一级结构，后者影响 DNA 的高级结构。

1. DNA 的自发性损伤

（1）DNA 碱基错配引起的自发性损伤

DNA 复制中的自发性损伤主要是由复制过程中碱基错配造成的，以 DNA 为模板，按碱基配对进行 DNA 复制是一个严格而精确的过程，但也不是完全不发生错误的。大肠杆菌的 DNA 复制过程中，碱基配对的错误频率为 10^{-2}~10^{-1}，在 DNA 聚合酶的校正作用下，碱基错误配对频率降到 10^{-6}~10^{-5}，再经过 DNA 损伤的修复作用，可使错配率降到 10^{-10} 左右，即每复制 10^{10} 个核苷酸会有一个碱基配对的错误。

（2）DNA 碱基改变引起的自发性损伤

1）碱基的丢失

DNA 分子在生理条件下可自发性水解，使嘌呤和嘧啶从 DNA 链的核糖磷酸骨架上脱落下来，DNA 因此失去了相应的嘌呤或嘧啶碱基，而糖－磷酸骨架仍然是完整的，其中脱嘌呤的频率要高于脱嘧啶的频率。一个哺乳类细胞在 37℃条件下，20h 内 DNA 链上自发脱落约 1000 个嘌呤和 500 个嘧啶。

2）碱基的异构互变

碱基的异构互变是碱基发生烯醇式碱基与酮式碱基间的互变，通过氢原子位置的可逆变化，使一种异构体变为另一种异构体。

DNA 中的四种碱基各自的异构体间都可以自发地相互变化，这种变化会使碱基配对间的氢键改变，可使腺嘌呤能与胞嘧啶配对、胸腺嘧啶与鸟嘌呤配对等。如果这些配对发生在 DNA 复制时，就会造成子代 DNA 序列与亲代 DNA 不同的错误性损伤。

3）碱基的脱氨基作用

碱基的脱氨基作用是指 C、A 和 G 分子结构中多含有环外氨基，碱基的环外氨基有时会自发脱落，使胞嘧啶（C）变成尿嘧啶（U）、腺嘌呤变成次黄嘌呤（H）、鸟嘌呤变成黄嘌呤（X）等，遇到复制时，U 与 A 配对、H 和 X 都与 C 配对就会导致子代 DNA 序列错误。每个细胞胞嘧啶自发脱氨基的频率约为每天 190 个。

4）碱基的氧化损伤

细胞呼吸的副产物 O_2、H_2O_2、·OH 等活性氧会造成 DNA 氧化损伤，这些自由基可在多个位点上攻击 DNA，产生一系列性质变化了的氧化产物，如胸腺嘧啶乙二醇、5-羟基胞嘧啶、8-氧-腺嘌呤等碱基修饰物。体内还可以发生 DNA 的甲基化以及 DNA 结构的其他变化等，这些损伤的积累可能导致细胞老化。

2. 物理因素引发的 DNA 损伤

DNA 分子损伤最早是从研究紫外线效应开始的。紫外线照射引起 DNA 的损伤主要是形成嘧啶二聚体（dioolymer）。当 DNA 受到最易被其吸收的波长为 260nm 左右的紫外线照射时，同一条 DNA 链上相邻的嘧啶以共价键结合成嘧啶二聚体，相邻的两个 T，或两个 C，或 C 与 T 都可以结合成二聚体，其中最容易形成的是 TT 二聚体。TT 二聚体导致 DNA 局部变性，造成 DNA 双螺旋扭曲变形，影响 DNA 的复制和转录。

电离辐射（如 X 射线、γ 射线等）不仅直接对 DNA 分子中原子产生电离效应，还可以通过水在电离时所形成的自由基起作用（间接效应），使 DNA 链出现双链或单链断裂，甚至碱基被破坏的情况。γ 射线和 X 射线能量更高，它们可以使一些分子特别是水分子离子化。这些离子化的分子形成了自由基，具有一个不成对电子。这些自由基，特别是含有氧的自由基，非常活泼，可以直接攻击邻近的分子。

3. 化学因素引发的 DNA 损伤

（1）烷化剂对 DNA 的损伤

烷化剂是一类亲电子的化合物，是可将烷基（如甲基）加入核酸上各种亲和位点的亲电化学试剂，同时也属于细胞毒类药物，在体内能形成碳正离子或其他具有活泼的亲电性基团的化合物，进而与细胞中的生物大分子（DNA、RNA、酶）中含有丰富电子的基团（如氨基、巯基、羟基、羧基、磷酸基等）发生共价结合，使其丧失活性或使 DNA 分子发生断裂，造成正常细胞 DNA 结构和功能的损害、癌化或死亡。

常见的烷化剂有甲基磺酸甲酯和乙基亚硝基脲，它们可使鸟嘌呤甲基化成 7-乙基鸟嘌呤、3-甲基鸟嘌呤和 5-甲基鸟嘌呤，使腺嘌呤甲基化成 3-甲基腺嘌呤，这些损伤会干扰 DNA 解旋，影响 DNA 的复制和转录。

（2）碱基类似物、修饰剂对 DNA 的损伤

碱基类似物是一类与碱基相似的人工合成的化合物，因为它们的结构与正常的碱基相似，所以进入细胞后能与正常的碱基竞争掺入 DNA 链中，干扰 DNA 的合成。

常见的碱基类似物有5-溴尿嘧啶和2-氨基嘌呤。5-溴尿嘧啶以酮式存在时，与腺嘌呤配对，但当其以烯醇式存在时，则与鸟嘌呤配对；2-氨基嘌呤可与酮式状态的胸腺嘧啶配对或与烯醇式状态的胞嘧啶配对。人工合成的这些碱基类似物可用作促突变剂或抗癌药物。

还有一些人工合成或环境中存在的化学物质能专一修饰DNA链上的碱基或通过影响DNA复制而改变碱基序列。

2.3.1.3 DNA损伤类型

DNA损伤是指DNA结构出现异常。DNA损伤类型多种多样，其中有些损伤导致表型改变，而且这种改变可以遗传，属于基因突变。

1. DNA水解

DNA水解即由于自发水解作用或物理辐射造成碱基从DNA链上脱落。

2. 碱基的氧化

细胞内的活性氧分子对DNA的攻击，以及环境中的辐射产生的自由基（如·OH自由基）均会造成碱基的氧化。

3. 碱基的修饰

通过烷化剂造成碱基的烷化修饰，碱基类似物可使子代DNA链中掺入非正常碱基。

4. 碱基的去氨化

自发脱落和物理辐射及其产生的自由基都可以造成碱基的环外氨基脱落，导致子代DNA序列的错误变化。

5. DNA断裂

DNA链的断裂是最为严重的损伤，有单链断裂和双链断裂两种。高能物理辐射（X射线或γ射线）量或某些化学试剂（博莱霉素）的作用使得DNA出现断裂，特别是双链断裂，常常导致细胞死亡。癌症的放疗原理就在于此。

6. DNA扭曲

紫外线照射后使DNA同一条链上相邻的嘧啶形成嘧啶二聚体，结果不能与其相对应的链进行碱基配对，导致DNA局部变性，破坏复制和转录，使得DNA双螺旋扭曲变形。

7. 碱基的错误配对

同一碱基间的自发互变异构、脱氨基均可能造成碱基间的错误配对。

此外还有DNA链间的交联和DNA与蛋白质之间的交联，同样是由于物理或化学因素造成的DNA损伤，它们使得染色体中的蛋白质与DNA以共价键相连，这些交联是细胞受电离辐射或化学因素影响后，在显微镜下看到染色体畸变的分子基础，会影响细胞的功能和DNA复制。

2.3.2　DNA 损伤的修复

DNA 损伤的形式很多，但是细胞内存在十分完善的修复系统。基本上每一种损伤在细胞内都有相应的修复系统（有时不止一种）可及时将它们修复。

细胞中的校正差错修复系统包括：直接修复系统（direct repair system），这是最简单的修复系统，它可以将核苷酸的损伤直接逆转；切除修复系统（excision repair system），该系统比较复杂，它将损伤的核苷酸切除，并以未损伤的链为模板，重新添加正确的核苷酸。切除修复有两类，一类切除损伤的核苷酸；另一类切除一小段含有损伤的单链 DNA 片段。最复杂的是双链断裂修复（double-strand break repair，DSBR），处理的是双链断裂的 DNA，修复所需的信息来自染色体的另一个拷贝。

2.3.2.1　错配修复

DNA复制过程中偶然的错误会导致新合成的链与模板链之间的一个错误的碱基配对。这样的错误可以通过 *E.coli* 中的 3 个蛋白质 MutS、MutH 和 MutL 校正，这样的修复方法称为错配修复（mismatch repair，MMR）。该修复系统只能校正新合成的 DNA，其主要依据是新合成的链中 GATC 序列中的 A（腺苷酸残基）未被甲基化。GATC 中 A 甲基化与否常被用来区别新合成的子代链（未甲基化）和亲代模板链（甲基化）。这一区别很重要，因为修复酶需要识别两个核苷酸残基中的哪一个是错配的，以防将正确的核苷酸除去导致突变。

错配修复系统会根据“保存母链，修正子链”的原则，找出错误碱基所在的 DNA 链。该系统对母链的识别依赖于 Dam 甲基化酶的贡献，Dam 甲基化酶在复制叉通过之前将两条母链中的 5'GATC 序列中的腺苷酸的 N6 甲基化。同时还需要错配修复蛋白 MutS、MutL、MutH、单链结合蛋白、DNA 聚合酶、UvrD 解旋酶等蛋白质和酶的参与。

在大肠杆菌细胞中具体修复过程是，错配修复蛋白 MutS 首先识别错配或未配对碱基并与之结合，MutL 参与形成复合体 MutL-MutS-DNA，并增加 MutS-DNA 复合体的稳定性。其次，MutS-MutL 在 DNA 双链上移动，发现并定位于距错配碱基最近的甲基化 DNA 位点，在 MutH 蛋白的参与下在 GATC 序列处切开非甲基化的子链，然后外切核酸酶在解螺旋酶及 SSB 蛋白质的协助下，将无甲基化的这一段子链从 GATC 位点至错配位点整段去除。最后利用 DNA 聚合酶和 DNA 连接酶合成正确配对的子链 DNA。在大肠杆菌细胞中，这种错配修复系统被称为 MutLHS 途径。

错配修复的过程概括为，母链甲基化标识——识别错配碱基——切除掉不正确的部分子链——合成正确配对的子链 DNA。DNA 错配修复系统广泛存在于生物体中，是 DNA 复制后的一种修复机制，起维持 DNA 复制保真度，控制基因变异的作用。

2.3.2.2 切除修复

切除修复（excision repair）也称复制前修复，发生在DNA复制之前，是在一系列酶的作用下，将DNA分子中受损部分去掉，并以另一条链为模板，合成切除的部分，然后使DNA恢复正常结构的过程。切除修复是一种比较普遍的修复方式，对多种损伤均能起修复作用，并且是无差错的修复。

参与切除修复的酶主要有特异的核酸内切酶、外切酶、聚合酶和连接酶。切除修复经过四步酶促反应完成。

①内切核酸酶识别DNA损伤部位，并在5'端做一切口。

②在外切酶的作用下连同受损部位，从5'端到3'端方向切除。

③在DNA聚合酶的作用下，以损伤处相对应的互补链为模板合成新的DNA单链片段以填补切除后留下的空隙。

④在连接酶的作用下将新合成的单链片段与原有的单链以磷酸二酯链相接完成修复过程。

从切除的对象来看，切除修复又可以分为碱基切除修复和核苷酸切除修复两类。

1. 碱基切除修复

碱基切除修复（base-excision repair，BER）是先由糖基化酶识别（DNA glycosylase）和去除损伤的碱基，在DNA单链上形成无嘌呤或无嘧啶的空位（AP位点），在内切核酸酶的催化下在空位的5'端切开DNA链，从而触发上述一系列切除修复过程。

所有细胞中都带有不同类型、能识别受损核酸位点的糖基化酶，它能够特异性切除受损核苷酸上的N-β-糖苷键，在DNA链上形成去嘌呤或去嘧啶位点，统称为AP位点。一类DNA糖基化酶一般只对应于某一特定类型的损伤，如尿嘧啶糖基化酶就特异性识别DNA中胞嘧啶自发脱氨形成的尿嘧啶，而不会水解RNA分子中尿嘧啶上的N-β-糖苷键。

DNA分子中一旦产生了AP位点，AP内切核酸酶就会把受损核苷酸的磷酸糖苷键切开，并移去包括AP位点核苷酸在内的小片段DNA，由DNA聚合酶I合成新的片段，最终由DNA连接酶把两者连成新的被修复的DNA链。

2. 核苷酸切除修复

核苷酸切除修复（nucleotide excision repair，NER）用于较为严重的区域性染色体结构改变的DNA损伤，如紫外线所导致的嘧啶二聚体、DNA与DNA的交联等。这些损害若没有适时排除，DNA聚合酶将无法辨识而滞留在损害的位置，这时细胞就会活化细胞周期检查点以全面停止细胞 周期的进行，甚至引起细胞凋亡。

修复过程为，损伤发生后，首先DNA内切酶（endonuclease）在损伤的核苷酸5'和3'处分别切开磷酸糖苷键，产生一个12~13个核苷酸（原核生物）或27~29个核苷酸（人类或其他高等真核生物）组成的小片段。该酶与一般的内切酶不同，可在链的损伤部位两侧同时切开DNA链，并移去小片段。最后由DNA聚合酶Ⅰ（原核生物）或DNA聚合酶 ε

（真核生物）合成新的片段，并由 DNA 连接酶完成修复中的最后一道工序。

在大肠杆菌中，该切割酶的基因是 Uvr，其编码的蛋白质包括 3 个亚基：UvrA、UvrB 和 UvrC。

由 UvrA 和 UvrB 蛋白组成复合物寻找并结合在损伤部位，UvrA 二聚体随即解离，UvrC 取代 UvrA 与 UvrB 结合，UvrC-UvrB 复合物在损伤部位 3' 端第五个磷酸糖苷键处切开 DNA 链，在损伤部位 V 侧第八个磷酸糖苷键处切开 DNA 链，最后由解旋酶 UvrD 除去受损 DNA 片段，最后由 DNA 聚合酶 Ⅰ 修复受损 DNA，DNA 连接酶完成连接。

真核生物的核苷酸切除修复与原核生物的类似，在损伤部位 3' 端第六个磷酸糖苷键和损伤部位 5' 端第二十二个磷酸糖苷键处切开 DNA 链，切除 27~29 个核苷酸片段，然后由 DNA 聚合酶和 DNA 连接酶填补空缺，切割酶功能上与原核生物的类似，但结构上相差甚远。切割酶可以识别许多种 DNA 损伤，包括紫外线引起的嘧啶二聚体和其他光反应产物、碱基的加合物等。

2.3.2.3　直接修复

对于有的 DNA 损伤，生物体不切断 DNA 或切除碱基，而是直接实施修复，这样的损伤修复机制称为直接修复。例如，DNA 损伤之一的胸腺嘧啶二聚体的形成可以通过直接修复机制修复。

1. 光复活修复

由于紫外线和离子辐射会诱导同一条链上相邻胸腺嘧啶之间形成环丁基环，即形成胸腺嘧啶二聚体。这种二聚体使得碱基配对结构扭曲，造成 DNA 损伤，影响复制和转录。

细菌在紫外线照射后立即用可见光照射，可以显著提高细菌的存活率，由细菌中的 DNA 光解酶完成，该酶能特异性识别紫外线造成的核酸链上相邻嘧啶共价结合的二聚体，并与其结合，此反应不需要光，结合后受 300~600nm 波长的光照射，DNA 光解酶被激活，将二聚体分解为两个正常的嘧啶单体，然后酶从 DNA 链上释放，DNA 恢复正常结构。

光复活修复是一种高度专一的 DNA 直接修复过程，它只作用于紫外线引起的 DNA 嘧啶二聚体（主要是 TT，也有少量 CT 和 CC），利用可见光所提供的能量使环丁酰环打开而完成的修复。

光复活酶已在细菌、酵母菌、原生动物、藻类、蛙、鸟类、哺乳动物和高等哺乳类及人类的淋巴细胞和皮肤纤维细胞中发现。这种修复功能虽然普遍存在，但主要是低等生物的一种修复方式。

2. 烷基化碱基修复

在烷基转移酶的参与下，将烷基化碱基上的烷基，转移到烷基转移酶自身的半胱氨酸残基上，恢复 DNA 原来的结构。烷基转移酶得到烷基后失活，因此该酶是一种自杀酶，即以一个酶分子为代价修复一个受损伤的碱基。

在大肠杆菌中发现有一种 O^6- 甲基鸟嘌呤-DNA 甲基转移酶，O^6- 甲基鸟嘌呤-DNA

甲基转移酶将甲基鸟嘌呤的甲基转移到该酶的一个半胱氨酸残基的巯基上，不需要切除核苷酸而直接恢复为鸟嘌呤。接受了甲基后转移酶失活，不能再催化其他甲基转移反应。但甲基化的转移酶作为一个转录的调节物又可刺激该转移酶基因的表达，所以根据需要可以生产更多的修复酶。类似的烷基转移酶在其他细菌和真核生物中也存在，只是特异性有所不同。

3. 碱基的直接插入修复

DNA 链上嘌呤的脱落造成无嘌呤位点，能被 DNA 嘌呤插入酶识别结合，在 K^+ 存在的条件下，催化游离嘌呤或脱氧嘌呤核苷插入生成糖苷键，且催化插入的碱基有高度专一性，与另一条链上的碱基严格配对，使 DNA 完全恢复。

4. 单链断裂修复

DNA 单链断裂是常见的损伤，可以通过重新连接完成修复，需要 DNA 连接酶催化 DNA 双螺旋结构中单链缺口处的 5'- 磷酸与相邻的羟基形成磷酸二酯键。DNA 连接酶在各类生物细胞中都普遍存在，修复反应易于进行。

2.3.2.4 双链断裂修复（DSBR）

DNA 断裂特别是双链断裂是一种极为严重的损伤。这种损伤难以彻底修复，原因在于双链断裂修复难以找到互补链来提供修复断裂的遗传信息。

细胞主要有两种机制来修复 DNA 双链断裂。一种是同源重组机制，即通过同源重组从同源染色体那里获得合适的修复断裂的信息，精确性较高；一种是非同源末端连接（non-homologous end joining，NHEJ）机制，能在无序列同源的情况下，让断裂的末端重新连接起来，这种方式虽然精确性差，却是人类修复双链断裂的主要方式。

切除修复是一种基本的修复机制，而重组修复只有在姐妹染色体存在时才能进行，因此是一种复制后修复机制。几乎所有的细胞都具有复杂的重组修复系统，用以修复因复制叉运动受到干扰后造成的损伤。细菌细胞中，复制叉运动受干扰造成的损伤率达到每代每个细胞一次，在真核细胞中这个数字可能要高出 10 倍。重组修复可以挽救受干扰的复制叉，其机制为同源重组。

双链断裂修复需要断裂染色体的姐妹染色体。如果一个细胞周期中双链断裂发生较早，姐妹染色体还没有来得及完成复制，细胞会启动自动防止故障系统，将非同源末端连接（NHEJ）。NHEJ 是最简单、最常用的一种方式，缺乏这种修复方式的细胞突变体对导致 DNA 断裂的离子辐射或化学试剂极为敏感。哺乳动物细胞倾向于使用非同源末端连接机制。

2.3.2.5 重组修复

重组修复也是 DNA 修复机制之一，当 DNA 双链中单链损伤，或同时损伤并尚未修复就开始复制时，造成对应的损伤位置的新链合成缺乏正确模板指导，需要另一种更为复杂的修复机制进行修复，即重组修复。依据修复机制的不同，重组修复可分为同源重组和非同源重组两种修复方式。

1. 同源重组

同源重组即双链 DNA 中的一条链发生损伤（如嘧啶二聚体、交联或其他结构损伤），损伤还未来得及进行相应修复，当 DNA 复制到含有损伤的 DNA 部位时，复制系统在损伤部位无法通过碱基配对合成子代 DNA 链，就跳过损伤部位，在下一个同崎片段的起始位置或前导链的相应位置上重新合成引物和 DNA 链，结果子代链在损伤相应部位留下缺口，另一条完整的母链与有缺口的子链重组，完成重组后，母链中的缺口则通过 DNA 聚合酶的作用，合成核苷酸片段，然后由连接酶使新片段与旧链连接。

2. 非同源重组

非同源重组也称为非同源末端连接，是哺乳动物 DNA 双链断裂的修复方式。非同源重组中起关键作用的是一种复合蛋白——DNA 依赖的蛋白激酶（DNA-PK），当 DNA 双链断裂时，DNA 的游离端二聚体蛋白 Ku 与 DNA-PK 结合，使两个 DNA 断头重新靠拢在一起，Ku 蛋白将两个 DNA 断头处的双链解开，暴露出单链，如果一个断头上的一条链与另一断头上的一条链有一定的互补性，那么它们就可能结合在一起重新将两个断头连接起来，完成修复。

非同源重组合成的 DNA 链同源性不高，可能会造成不同链之间的连接，同时修复过程中未起作用的 DNA 单链会被降解，造成修复的 DNA 序列比原先的 DNA 序列短一些。

2.3.2.6　SOS 修复

上述几种 DNA 损伤修复可以不经诱导而发生。但许多能造成 DNA 损伤或抑制复制的处理均能引起一系列复杂的诱导效应，称为应急反应（SOS response），即平常生物体的 DNA 修复系统常处于不活跃状态，处于低水平表达，多种与修复相关基因的表达也受到抑制，一旦 DNA 受到损伤或在复制系统受到抑制的紧急情况下，细胞为求生存会迅速解除对修复基因的抑制作用，使其产物投入到活跃的修复活动中。

在大肠杆菌中，SOS 反应由 RecA-LexA 系统调控。正常情况下系统处于不活动状态，当有诱导信号（如 DNA 损伤或复制受阻形成暴露的单链）时，RecA 蛋白的蛋白酶活力就会被激活，分解阻遏物 LexA 蛋白，使 SOS 反应有关的基因产生阻遏作用。DNA 修复完毕后，引起 SOS 反应的信号消除，RecA 蛋白的蛋白酶活力丧失，LexA 蛋白又重新发挥阻遏作用。RecA 蛋白是大肠杆菌 rec 基因编码，在同源重组中起重要作用的蛋白质，同时也是 SOS 修复的启动因子。

SOS 修复广泛存在于各类细胞中，是生物体在不利环境中求得生存的一种基本功能。它不仅使各种损伤修复功能增强，细胞存活率增加，同时也会导致大量突变，这是由于 SOS 反应可诱导产生不具有校正功能的 DNA 聚合酶Ⅳ和 DNA 聚合酶Ⅴ参与 DNA 的修复。

SOS 修复包括两方面的内容，DNA 的修复和细胞变异。多数诱导 SOS 反应的作用剂都有致癌作用，如紫外线辐射、电离辐射、烷化剂、黄曲霉素等，某些不致癌的作用剂大都不能引起 SOS 修复，如 5-溴尿嘧啶。推测许多癌变是由于 SOS 修复引起的，因而 SOS 修复可作为检测药物致癌性的指标，而抑制 SOS 修复的药物则可减少突变和癌变，这类物质被称为抗变剂。

2.4 DNA 突变

2.4.1 DNA 突变概述

当 DNA 遭损伤后，尽管细胞内的修复系统在很大程度上能够将绝大多数损伤及时修复，然而修复系统并不是完美无缺的。正是由于修复系统的不完善，就为 DNA 的突变创造了机会，因为如果损伤在下一轮 DNA 复制之前还没有被修复的话，有的就直接被固定下来传给子代细胞（如错配修复），有的则通过易错的跨损伤合成产生新的错误并最终被保留下来（如嘧啶二聚体）。这些发生在 DNA 分子上可遗传的永久性结构变化通称为突变（mutation），而带有一个给定突变的基因、基因组、细胞或个体、群体或株系被称为突变体（mutant）。

对于多细胞动物来说，只有影响到生殖细胞的突变才具有进化层次上的意义。然而，就细菌、原生动物、植物和真菌而言，发生在体细胞的突变一样可以传给后代。

突变是 DNA 碱基序列水平上的永久性的、可遗传的改变。突变产生于 DNA 复制或减数分裂重组过程中的自发性错误，或者是由于物理或化学试剂损伤 DNA 所致。正是由于突变体中 DNA 碱基序列的改变，产生了突变体的表现型。突变位点可能存在于基因内，该基因称为突变基因（mutant gene）。没有发生突变的基因称为野生型（wild type）基因。

所谓野生型是指有机体的正性状，如能够分解某种底物和合成某种物质（如氨基酸）的能力。在多数情况下，从自然界分离得到的有机体种类都具有这种正性状，但有时并非如此。

引起突变的物理因素（如 X 射线）和化学因素（如亚硝酸盐）称为诱变剂（mutagen）。由于 诱变剂的作用而产生突变的过程或作用称为突变生成作用（mutagenesis）。如果突变生成作用是在自然界中发生的，不管是由于自然界中诱变剂作用的结果还是由于偶然的复制错误被保留下来，都叫作自发突变生成（spontaneous mutagenesis）。其结果是产生一种称为自发突变（spontaneous mutation）的遗传状态，携带这种遗传状态的个体或群体或株系就称为自发突变体（spontaneous mutant）。自发突变的频率平均为每一核苷酸每一世代 10^{-10}～10^{-9}。相反，如果起突变的作用是由于人们使用诱变剂处理生物体而产生的，就叫作诱发突变生成（induced mutagenesis），简称诱变。它产生的遗传状态叫作诱发突变（induced mutation），携带这种遗传状态的有机体就叫作诱发突变体（induced mutant）。诱发突变的频率要高得多。

2.4.2　DNA 突变类型

根据 DNA 碱基序列改变多少，DNA 突变类型可以分为；点突变（point mutation）和移码突变（frame-shift mutation）两类。点突变是最简单、最常见的突变，一般包括碱基替代（base substitution）、碱基插入（base insertion）和碱基缺失（base deletion）三种情况。但点突变这个术语常常是指碱基替代。碱基替代是一个或多个碱基被相同数目的其他碱基所替代，大多数情况是只有一个碱基被替代。碱基替代可以分为两类：转换（transition），嘌呤与嘌呤之间或嘧啶与嘧啶之间互换；颠换（transversion），嘌呤与嘧啶之间发生互换。碱基插入是一个或多个碱基插入到 DNA 序列中，如果插入碱基的数目不是 3 的整倍数，将会引起移码突变。碱基缺失是指 DNA 序列缺失一个或多个碱基，如果缺失的碱基数目不是 3 的整倍数，也会引起移码突变。显然移码突变就是由于一个或多个非三整倍数的核苷酸对插入或缺失，使编码区该位点后的三联体密码子阅读框架改变，导致后向氨基酸都发生错误，通常该基因产物会完全失活，如果出现终止密码子则会使翻译提前结束。

1. 点突变

最简单的点突变是一个碱基转变成另一个碱基。常见的形式是转换（transition），即一个嘧啶转换成另一个嘧啶，或是一个嘌呤转换成另一个嘌呤，也就是 C→T；A→G，或反过来（vice versa）。另一种不常见的形式是颠换（transversion），即一个嘌呤被一个嘌呤替代，或反过来。结果 AT 变成了 TA 或 CG。其他的简单突变还包括一个或几个碱基的插入或缺失。这种改变了一个核苷酸的突变作用称为点突变。

点突变带来的后果取决于其发生的位置和具体的突变方式。若是发生在基因组的垃圾 DNA（junk DNA）上，就可能不产生任何后果，因为其上的碱基序列缺乏编码和调节基因表达的功能；如果发生在一个基因的启动子或者其他调节基因表达的区域，则可能会影响到基因表达的效率；如果发生在一个基因的内部，就有多种可能性，这一方面取决于突变基因的终产物是蛋白质还是 RNA，即是蛋白质基因还是 RNA 基因，另一方面如果是蛋白质基因，则还取决于究竟发生在它的编码区，还是非编码区，是内含子，还是外显子。

点突变与插入或缺失的不同在于，点突变可随诱变剂的应用而变化，但插入或缺失与诱变剂的应用没有什么关系。如果恢复原来的碱基或者基因在其他位点发生补偿性的突变，点突变可能恢复；如果把插入的序列删除，基因的功能也可能恢复；如果把基因的一部分删除，基因的功能就无法恢复了。

2. 移码突变

移码突变指在 DNA 中插入或缺失非 3 的倍数的少数几个碱基，在该基因 DNA 作为蛋白质的氨基酸顺序的信息解读时，引起密码编组的移动，造成这一突变位置之后的一系列编码发生移位错误的改变，这样的突变称为移码突变。造成突变位点下游的大多数密码子变成彻底不同的密码子，它们编码完全不同的氨基酸或变成终止密码子，所产生的蛋白质的活力很低或活力消失，如吖啶橙类诱变剂可以诱发这类突变。丝氨酸的密码子和甘氨酸的密码子之间插入一个鸟苷酸（G），因为在蛋白质合成时每三个邻接的碱基和一个氨基酸相对应，所以读码框向左面一个碱基移动了一格，其结果是在插入 G 点之后开始合成和正常氨基酸完全不同的顺序。

同样从编码区删除一个碱基也会产生移码突变。如果插入或缺失 3 的整数倍的少数几个碱基，虽然不会造成移码突变，但会造成编码的多肽突变位点的几个氨基酸残基的添加或缺失，但不会对其他位置的氨基酸残基造成影响，对蛋白质的结构和功能的影响比移码突变的影响相对要小一些。

3. 其他类型

根据发生的位置，突变可以分为：同义突变（synonymous mutation）、错义突变（missence mutation）和无义突变（nonsence mutation）。

若突变发生在密码子的第三位碱基，由于这些密码子的简并性，这些突变的密码子依然编码相同的氨基酸，密码子的意义不会改变，这样的突变称为同义突变。若一个碱基的突变只改变蛋白质多肽链上的一个氨基酸，称为错义突变。若这个氨基酸不处于关键位置，蛋白质还会保持原来的部分功能。若此氨基酸处于关键位置，如酶的活性中心，蛋白质的功能就可能全部丧失。若突变发生在基因表达的调控区，可能会影响基因表达的方式。若突变在基因编码区中间产生了终止密码子 AUU、AUG、AGU，就会使肽链的合成提前终止，这样的突变往往是致死的，称为无义突变。

突变作用的两个重要来源是 DNA 复制时出现差错和化学物质对 DNA 的损伤。突变的第三种重要来源是由转座子引起的。转座子是一类插入序列，可以在 DNA 上移动位置。

突变会产生不同的后果。按照所产生的效果，可以把突变分为功能丧失性突变（loss of function mutation）和功能获得性突变（gain of function mutation）。功能丧失性突变多为隐性突变。如果功能完全丧失，称为无效突变（null mutation）；如果功能部分丧失，称为渗漏突变（leaky mutation）。功能获得性突变多为显性突变。即是说 DNA 的突变可能是显性的（dominant），也可能是隐性的（recessive）。

突变并不总是产生表现型的变化，这是因为一些突变位点没有影响到基因的功能或表达，甚至高一级的基因组功能（如 DNA 复制）。这样的突变从进化的角度来看属于中性性质（neutral），因为它并没有影响到个体的生存与适应能力。

若突变仅仅导致一种蛋白质没有活性，那么，这样的突变一般产生隐性性状，属于隐性突变。因为染色体通常是成对的（同源染色体），每一个基因至少有 2 个拷贝，一条同源染色体上正常基因的产物能够抵消或中和另一条同源染色体上突变的基因对细胞功能和性状的影响。因此，只有一对同源染色体上两个等位基因都发生突变，才会影响到表现型。

但这种情形也有很多例外，特别是一些结构蛋白和调节其他基因表达的调节蛋白发生基因突变而丧失功能时，其表现是显性的。这主要是由于这些蛋白质的量对于机体的功能十分重要，而细胞已没有能力再提高正常拷贝表达的量来弥补基因突变造成的损失。若突变产生的蛋白质对细胞有毒，这种毒性无法被另外一条染色体上正常基因表达出来的正常的蛋白质所抵消或中和，那么，这种突变则会被视为显性突变。显性突变只需要两条同源染色体上任意一个等位基因发生突变，就可以带来突变体的表现型变化。

重排是指基因组 DNA 发生较大片段的交换，但不涉及遗传物质的丢失和获得。重排可以发生在 DNA 分子内部，也可以发生在 DNA 分子之间。

2.4.3　DNA 突变回复

突变是可逆的，野生型基因突变成为突变型基因，而突变型基因也可以通过突变成为原来的野生型状态。突变体重新恢复为野生型表型的过程称为回复突变或回复(reversion)。真正的原位回复突变正好发生在原来位点，使突变基因回复到与野生型完全相同的 DNA 序列。但这种情况很少，大多数都是第二点突变抑制了第一次突变造成的表现型（表型抑制），使得野生型、表现型得以恢复或部分恢复。即原来的突变位点依然存在，但它的表型效应被第二位点的突变所抑制。回复突变可以自发地发生，但其频率总是显著低于正向突变率。例如大肠杆菌中野生型（his^+）突变为组氨酸缺陷型（his^-）的正向突变率是 2×10^{-6}，而 his^-~his^+ 的回复突变率是 4×10^{-8}。在以上过程中可以通过用诱变剂处理增加其频率。但不是所有的正向突变都可以自发回复到野生型状态，如双重突变体（含有两个决定同一性状的突变位点，这两个位点可以在一个基因上或在两个作用相关的基因上）的回复突变发生频率就非常低（两个单点回复突变频率的乘积），一般低于 10^{-12}，实验中很难检测出来。再如大片段的缺失突变，要在原位插入同样长度和序列的碱基或编码相同氨基酸的片段，使其产物具有野生型产物的功能，这样的概率几乎为零，即基本上不可能有回复突变。

由于大多数回复突变都不是真正的原位回复突变，所以鉴定回复突变主要依据其表现型。由于第二点回复突变并没有真正回复正向突变的 DNA 序列，只是突变效应被抑制了，所以第二点回复突变通常都称为抑制突变。抑制突变可以发生在正向突变的基因中，叫作基因内抑制突变（intragenic suppressors mutation），也可以发生在其他基因之中，叫作基因间抑制突变（inter-genic suppressors mutation）。根据野生型、表型恢复作用的性质还可以分为直接抑制突变（direct suppressors mutation）和间接抑制突变（indirect suppressors mutation）。前者是通过恢复或部分恢复原来突变基因蛋白质产物的功能而使表现型恢复为野生型状态。后者不恢复正向突变基因的蛋白质产物的功能，而是通过改变其他蛋白质的性质或表达水平而补偿原来突变造成的缺陷，从而使野生型表型得以恢复。

第 3 章　RNA 的生物反应

3.1　DNA 转录

3.1.1　转录的一般特征

DNA 是生物体最重要的遗传物质，其贮存信息的方式是它的一级结构，蛋白质是生物体功能的主要执行者，其功能由特定的三维结构决定。但是蛋白质的三维结构归根到底也是由其一级结构决定的。根据前面章节提到的中心法则，要将 DNA 的一级结构转化成蛋白质的一级结构，首先需要按照碱基互补配对的原则，以 DNA 为模板，合成 RNA，然后再以 RNA 为模板，合成蛋白质。这种以 DNA 为模板合成 RNA 的过程称为转录，以 RNA 为模板合成蛋白质的过程称为翻译或转译。转录和翻译统称为基因表达（gene expression）。

RNA 除了可以通过 DNA 转录产生以外，某些病毒 RNA 还可以 RNA 作为模板通过 RNA 转录或复制产生。

DNA 转录过程非常复杂，不同的生物体和不同的基因在转录的具体细节上存在许多差异，但仍然有许多通用的规则适合于所有的转录系统。这些规则主要包括以下几个方面：

（1）DNA 分子在特定区域发生转录。转录只发生在 DNA 分子上具有转录活性的区域。对于一个 DNA 分子来说，并不是所有的区域都能被转录，即使能转录的区域也不是每时每刻都在转录。此外，DNA 两条链也并不是都会被转录。某些基因以 DNA 的这一条链作为模板，而某些基因以另一条链作为模板，对某一特定的基因来说，DNA 分子上作为模板的那一条链被称为模板链（template strand），与模板链互补的那一条链被称为编码链（coding strand）。模板链也称作无意义链（nonsense strand）或 Watson 链，编码链也称作有意义链（sense strand）或 Crick 链。

（2）以四种核苷三磷酸，即 ATP、GTP、CTP 和 UTP 作为底物，并需要 Mg^{2+} 的激活。

（3）需要模板，需要 DNA 的解链，但不需要引物。DNA 转录是以 DNA 为模板合成 RNA 的过程。在转录过程中，被转录的 DNA 双链区域必须发生解链以暴露隐藏在双螺旋内部的碱基序列，然后才可以选择其中的一条链作为模板，按照碱基互补配对的原则进行转录反应。假如某一个基因模板链的序列是 5'-AGGGTTCCGC-3'，则该基因的编码链序列应为 5'-GCGGAACCCT-3'。而转录得到的 RNA 分子的碱基序列就是 5'-GCGGAACCCU-3'。注意一个基因的编码链碱基序列与转录得到的 RNA 分子的碱基序列其实是一样的，只不过是在 RNA 分子中由 U 代替了 DNA 分子之中的 T。DNA 转录与 DNA 复制的一个显著差别是转录不需要引物，即能够从头进行。

（4）第一个被转录的核苷酸通常是嘌呤核苷酸（占 90% 左右）。

（5）与 DNA 复制一样，转录的方向总是从 5' → 3'。

（6）转录具有高度的忠实性。

转录的忠实性是指一个特定的基因转录具有固定的起点和同定的终点，而且转录过程严格遵守碱基互补配对原则。但是，转录的忠实性要低于 DNA 复制，主要是因为催化转录反应的主要酶——RNA pol 一般缺乏 3' 核酸外切酶活性。与 DNA 复制相比，机体在一定程度上能够容忍转录的低忠实性，一方面是因为遗传密码的简并性使得 RNA 序列的变化并不意味着它所决定的蛋白质的氨基酸序列就一定发生变化，另一方面是因为转录出的 RNA 分子是多拷贝的，转录发生错误的毕竟占少数，而且细胞内有专门的质量控制系统，会将错误转录水解掉。

（7）转录是受到严格调控的，调控的位点主要发生在转录的起始阶段。

3.1.2　DNA 转录酶

转录是一种很复杂的酶促反应，主要由 RNA 聚合酶催化。RNA 聚合酶全称是依赖于 DNA 的 RNA 聚合酶（DNA-dependent RNA polymerase，RNA pol）。最先从 *E.coli* 得到的能够催化 RNA 生物合成的酶是多聚核苷酸磷酸化酶（polynucleotide phosphorylase，PNPase），该酶在 1955 年由塞韦罗·奥乔亚（Severo Ochoa）和玛丽安·格伦伯格（Marianne Grunberg）发现。PNPase 所具有的一些性质表明它不可能是人们期待的那种细胞中用来催化转录的酶。因为此酶不需要模板，使用 NDP 代替 NTP，合成的 RNA 序列由 NDP 的种类和相对浓度来决定，这些性质无法保证一个基因转录的忠实性。后来发现，PNPase 的真正功能是降解而不是合成 RNA。真正催化转录的酶直到 1960 年才从 *E.coli* 中得到。

RNA pol 是高度保守的，特别是在其三维结构上。由于细菌、古细菌和真核生物细胞核和叶绿体的 RNA pol 都是由多个亚基组成的，所以它们属于多亚基 RNA pol 家族；而噬菌体和线粒体基因组编码的 RNA pol 一般只有单个亚基组成，因而属于单亚基 RNA pol 家族。

所有的多亚基 RNA pol 都具有 5 个核心亚基，真细菌还含有一个专门识别启动子的因子，真核细胞的三种细胞核 RNA pol 除了具有 5 个核心亚基之外，还有 5 个共同的亚基。

1. RNA pol 与 DNA pol

尽管 RNA pol 与 DNA pol 都是以 DNA 为模板，从 5' → 3' 方向催化多聚核苷酸的合成，但是，这两类聚合酶的差别显而易见，概括起来包括：

（1）RNA pol 只有 5'→3' 的聚合酶活性，没有 5'→3' 核酸外切酶和 3'→5' 核酸外切酶的活性。RNA pol 缺乏 3'→5' 核酸外切酶的活性导致其丧失自我校对的能力而降低转录的忠实性。

（2）真细菌的 RNA pol 具有解链酶的活性，本身能够促进 DNA 双链解链。

（3）RNA pol 能直接催化 RNA 的从头合成，不需要引物。

（4）RNA pol 与进入的 NTP 上的 2'-OH 有多重接触位点，而进入 DNA pol 活性中心的 dNTP 无 2'-OH。

（5）RNA pol 在催化转录的起始阶段，DNA 分子会形成皱褶（DNA scrunching），其编码链形成环，以便在无效转录（abortive transcription）时，RNA pol 仍然保持与启动子的结合。

（6）在转录过程中，转录物不断与模板“剥离”，而在复制过程中，DNA 聚合酶上开放的裂缝允许 DNA 双链从酶分子上伸展出来。

（7）RNA pol 在转录的起始阶段受到多种调节蛋白的调节。

（8）RNA pol 的底物是核苷三磷酸，而不是脱氧核苷三磷酸。

（9）RNA pol 使用 UTP 代替 dTTP。

（10）RNA pol 启动转录需要识别启动子。

（11）RNA pol 反应的速度低，平均速率只有 50nt/s。

（12）RNA pol 催化产生的 RNA 与 DNA 形成的杂交双螺旋长度有限，而且存在的时间不长，很快被 DNA 双螺旋取代。

2. *原核细胞* RNA pol

（1）真细菌的 RNA pol

以 *E.coli* 为例，真细菌的 RNA pol 分为核心酶（core enzyme）和全酶（holoenzyme）两种形式，它们在体外可能会组装成有功能的全酶。核心酶由 2 个 α 亚基、1 个 β 亚基、1 个 β' 亚基和 1 个 ω 亚基组成，其中 β' 亚基含有 2 个 Zn^{2+}，是一种碱性蛋白，多阴离子化合物——肝素（heparin）能够与它结合而抑制聚合酶的活性。全酶由核心酶和 σ 因子组装而成。σ 因子有至少有 7 种不同的形式，但最重要的是 σ70，它参与 *E.coli* 绝大多数基因的转录。

真细菌的 RNA pol 都受到利福平霉素（rifamycin）和利迪链霉素（streptolydigin）的特异性抑制，这两种抑制剂的作用对象都是 P 亚基，但是，前者抑制转录的起始，阻止第三个或第四个核苷酸的渗入，后者与聚合酶结合，抑制延伸。它们并不抑制真核细胞细胞核的 RNA pol，但对线粒体或叶绿体内的 RNA pol 有明显的抑制作用。

（2）古细菌的 RNA pol

在结构和组成上，古细菌的 RNA pol 更像真核生物的细胞核 RNA pol，而不是真细菌的 RNA pol。产甲烷细菌和嗜盐菌的 RNA pol 由 8 个亚基组成，极度嗜热菌的 RNA pol 由

8 个亚基组成。迄今为止，还没有发现哪一种古细菌的 RNA pol 受到利福平霉素或利迪链霉素的抑制。

（3）真核细胞的 RNA pol

真核细胞内的 RNA pol 不止一种，在功能上有不同的分工，不同性质的 RNA 合成由不同的 RNA pol 催化，其中细胞核具有三种 RNA pol，即 RNA pol Ⅰ（A）、RNA pol Ⅱ（B）和 RNA pol Ⅲ（C）。RNA pol Ⅰ负责催化细胞核内的 rRNA（5S rRNA 除外）的合成，RNA pol Ⅱ负责催化 hnRNA 和某些 snRNA 的合成，RNA pol Ⅲ负责催化小分子 RNA（包括 tRNA 和 5S rRNA）的合成。线粒体和叶绿体中也有 RNA pol，它们分别负责这两种细胞器内所有 RNA 分子的合成。真核细胞 5 种 RNA pol 的主要差别如表 3-1 所示。

表 3-1　真核细胞 5 种 RNA pol 结构和功能的比较

名称	细胞中定位	组成	对 α－鹅膏蕈碱的敏感性	对放线菌素 D 的敏感性	转录因子	功能
RNA pol Ⅰ	核仁	多个亚基组成	不敏感	非常敏感	1~3 种	rRNA 的合成（除了 5S rRNA）
RNA pol Ⅱ	核质	多个亚基组成	高度敏感（10^{-8}mol/L ~10^{-9}mol/L）	轻度敏感	8 种以上	hnRNA，具有帽子结构的 snRNA 的合成
RNA pol Ⅲ	核质	多个亚基组成	中度敏感	轻度敏感	4 种以上	小分子 RNA 包括 tRNA，5S rRNA，没有帽子结构的 snRNA，7SL RNA，端粒酶 RNA，某些病毒的 RNA 等合成
线粒体 RNA pol	线粒体基质	单体酶	不敏感	敏感	2 种	所有线粒体 RNA 的合成
叶绿体 RNA pol	叶绿体基质	类似原核细胞	不敏感	敏感	3 种以上	所有叶绿体 RNA 的合成

真核细胞的核 RNA pol 的组成十分复杂，每一种都是庞大的多亚基蛋白（2 个大亚基核心酶加 12~15 个小亚基），大小为 500kDa~700kDa，其中 2 个大亚基的一级结构与 *E.coli* RNA pol 的核心酶亚基相似，这说明 RNA pol 活性中心的结构可能是保守的。此外，它们都还含有 *E.coli* RNA pol α 亚基的同源物，但没有任何亚基与 *E.coli* 的 σ 因子相似。

（4）由病毒编码的 RNA pol 的结构与功能

许多病毒直接使用宿主细胞基因组编码的 RNA pol 来转录自身的基因，某些病毒则对宿主 RNA pol 进行特定的改造，使其更有效地催化自身基因的转录，而有的病毒则主要使用自身基因组编码的具有高度特异性的 RNA Pol，这些 RNA pol 通常只有一条肽链组成，例如 T7、T3 和 SP6 噬菌体。

（5）RNA pol 的三维结构与功能

真核细胞与原核细胞的 RNA pol 在三维结构上十分相似，不仅是分子的整个形状相似，而且各同源亚基在空间上的排布也非常相似。

3.1.3 原核生物的DNA转录

转录是由DNA指导的RNA合成的过程，可分为起始、延伸和终止三个阶段。其中，起始和延伸的机制比较复杂，转录的调控指控制转录的起始或终止。

3.1.3.1 转录起始

转录的起始是RNA pol识别启动子并与之结合从而启动RNA合成的过程。原核生物和真核生物在转录起始的过程中有相似也有不同。

1. 转录起始点的确定

（1）启动子

启动子（promoter）是指DNA分子上被RNA pol全酶识别并结合形成起始转录复合物的特定区域，它还包括一些调节蛋白因子的结合位点，启动子本身不被转录。启动子是控制转录起始的序列，并决定着某一基因的表达强度。与RNA pol亲和力高的启动子，其起始频率和效率均高。启动子的DNA序列本身就可以提供特定的信号，而转录区域的DNA序列要转变成RNA或蛋白质后才能表现出它所贮存的信息。

细菌的启动子是待转录DNA分子中的一段特定的核苷酸序列，一般位于待转录基因的上游。启动子一般位于转录起始位点的上游。启动子序列的编号为负数，其数值可反映它在转录起始位点上游的距离。

原核生物基因的启动子分为两类：一类是RNA pol能够直接识别并结合的启动子，称为核心启动子（core promoter）；另一类在与RNA pol结合时需要蛋白质辅助因子的协助，这类启动子除了具有RNA pol结合位点之外，还有辅助因子结合位点，后者位于核心启动子的上游，因此称为启动子上游部位（upstream part of promoter，UP）。核心启动子与启动子上游部位共同构成了原核生物基因的启动子。

（2）启动子的确定方法

可使用生物化学和经典的遗传学方法来确定启动子序列，前者包括电泳泳动变化分析（electrophoretic mobility shift assay，EMSA）和DNA酶-Ⅰ-足印分析（DNase I footprinting assay），前者主要借助于对转录起点周围的碱基序列突变和同源性比对。

DNA酶-Ⅰ-足印分析是应用RNA pol来确定可与之结合的DNA序列，可用于对启动子的研究。足印分析法的基本原理是启动子序列因RNA pol的特异性结合受到保护而抵抗DNA酶Ⅰ的消化，在此基础上结合DNA序列分析，可以确定受到聚合酶保护的启动子序列。

另外更简单的方法是用DNA酶完全消化与RNA pol结合的dsDNA，然后将消化过的样品通过硝酸纤维素滤膜，蛋白质及与聚合酶结合的DNA会与滤膜结合，随后将吸附在滤膜上的与RNA pol结合的DNA复合物释放出来，最后使用化学断裂法直接进行序列分析。

（3）原核生物启动子的特征

原核生物的启动子序列位于转录起始位点 5' 端，覆盖约 40bp 长的区域，分为四个区域：转录起始点、–10 区、–35 区、–10 区与 –35 区之间的序列。

分析大量启动子的结构得出，典型的原核生物的启动子的结构为转录起始点、–10 区、–35 区和 16~19bp 的间隔区。并不是所有的启动子都具有典型的结构。有些启动子缺少其中的某一结构。有时只有 RNA pol 本身并不足以与启动子结合，还需要其他的辅助因子。另外，转录起始点左右的碱基也可影响转录的起始。+1 区~+30 区的转录区可影响 RNA pol 对启动子的清除，从而影响启动子的强度。

2. 转录起始复合物的形成

原核生物转录的起始过程大致分为四个阶段。

（1）RNA pol 全酶搜索并结合 DNA 特异位点

RNA pol 全酶在转录前先接近自然卷曲构象的 DNA 分子，并做相对的分子运动，通过接触、解离、再接触，酶分子在 DNA 上搜索启动子序列。当 σ 因子发现 –35 区识别位点时，全酶与 –35 序列紧密接触。因此，RNA pol 全酶是在 σ 因子协助下找到启动子特异序列的，σ 因子能够引起 RNA pol 对 DNA 亲和性的改变，对非特异位点地结合处于松散状态。直到接触到特异序列，才能使它们紧密结合。

除了酶分子本身的特性外，启动子 DNA 序列结构也决定这种结合的性质。在离体条件下，处于负超螺旋状态的 DNA 和 RNA pol 能更有效地结合，使有利于起始转录。负超螺旋结构在形成复合物和 DNA 解旋时需要较少的自由能。

（2）聚合酶与启动子形成封闭复合物

在启动子 DNA 的区域，RNA pol 非对称性地结合在转录起点上游 –50~+20 区的一段序列上，即形成封闭复合物（closed complex）。这是酶与启动子结合的一种过渡形式。在此阶段，DNA 并没有解链，聚合酶主要以静电引力与 DNA 结合。该复合物并不十分稳定。

（3）封闭复合物转变成开放复合物

σ 因子使 DNA 部分解链。一旦 DNA 解链，DNA 产生一个小的发夹环，导致 DNA 模板链进入活性中心，封闭复合物转变成开放复合物（open complex）。开放复合物也就是起始转录泡（transcription bubble），大小为 12~17bp。开放复合物十分稳定。

开放复合物的形成是转录起始的限速步骤。聚合酶在与启动子形成复合物的过程中，经历了显著的构象变化，σ 因子刺激封闭复合物异构成开放复合物。开放复合物的形成不单是 DNA 两条链的解链，而且 DNA 的模板链还必须进入全酶的内部，以便靠近酶的活性中心。

（4）三元复合物的形成

当前两个与模板链互补的 NTP 从聚合酶的次级通道进入活性中心以后，由活性中心催化第一个 NTP 的 3'-OH 亲核进攻第二个 NTP 的 5'-a-P 而形成第一个磷酸二酯键。一旦有了第一个磷酸二酯键，RNA-DNA-RNA pol 的三元复合物（ternary complex）就形成了。

3.1.3.2 转录的延伸

转录起始形成 9~10 个核苷酸后，RNA pol 的 σ 亚基释放，离开核心酶，使核心酶的亚基构象变化，与 DNA 模板亲和力下降，在 DNA 上移动速度加快，使 RNA 链不断延长的过程就是转录的延伸（elongation）。大肠杆菌 RNA pol 的活性一般为 50~90nt/s。随着 RNA pol 的移动，DNA 双螺旋持续解开，暴露出新的单链 DNA 模板，新生 RNA 链的 3' 端不断延伸，在解链区形成 RNA-DNA 杂合物。而在解链区的后面，DNA 模板链与其原先配对的非模板链重新结合成为双螺旋。

1. RNA pol 的构象改变

当 σ 因子存在时，亚基的构象是与 DNA 专一性结合所要求的构象，没有 σ 因子的核心酶，也没有了对特异性序列识别与结合的能力。进入延伸阶段，RNA 和酶分子都发生了构象变化。σ 因子的解离引起了 RNA pol 的构象发生变化，从起始阶段的全酶构象转变为延伸阶段的核心酶构象，核心酶与 DNA 模板的结合是松弛状的非特异性结合，这样有利于核心酶沿着 DNA 模板向前移动。

2. RNA pol 的移位

在延伸过程中，RNA pol 不断移位，以转录新的模板链序列。有两种模型来解释 RNA pol 的移位机制。一种是热棘轮（thermal ratchet）模型，此模型认为受热驱动，酶在两种移位状态之间波动，NTP 的结合和掺入使酶进入前进状态；另外一种为能击（powerstroke）模型，此模型认为转录的化学能与移位偶联，提供移位的机械能。在后一种机制中，RNA pol 既可以在 PP 形成的时候移位，也可以在 PP 释放的时候移位。

3. 转录底物和新生 RNA

随着 RNA pol 不断移位，底物 NTP 不断地添加到新生 RNA 链的 3'—OH 端，酶与产物 RNA 不解离，RNA 链不断延伸。在 RNA pol 结合的转录模板区域，大约有 17nt 的 DNA 形成解链区，产物 RNA 链与模板形成长约 12bp 的 RNA-DNA 杂合双链，并保持三元复合物的结构。随着 RNA pol 不断向前移位，杂合双链不断地形成新的磷酸二酯键。由于杂合双链较短，RNA 与 DNA 链间的亲和性远不如 DNA 模板链和编码链之间相互结合的稳定。因而，产物 RNA 很容易从 DNA 模板链不断地脱落下来，酶分子又不断地前移转录，一直保持约 12bp 的杂合双链。

4. 延伸的暂停和阻滞

在延伸阶段，RNA pol 每催化一个新的磷酸二酯键的形成就面临三种选择：继续延伸、暂停、倒退（向后滑动，新生的 RNA 3' 端一部分序列与 DNA 模板解离）、阻滞。

暂停是延伸临时停止。暂停可能是依赖于发夹结构，也可能与发夹结构无关，可能涉及 RNA pol 的倒退，也可能不是。就功能而言，暂停可能是转录的一种策略和机制，它可以同步原核生物转录和翻译的偶联，允许转录调节蛋白及时发挥作用；也可作为转录完全终止的前奏。倒退可能是校对新合成 mRNA 的一种手段。当暂停的 RNA pol 倒退到 RNA 堵在次级通道上的时候，转录被完全阻滞。

5. 影响延伸速度的因素

影响延伸速度的因素有以下三个。

（1）RNA pol 的来源。新生 RNA 链转录延伸的速度受到 RNA pol 的来源的影响。例如，不同 RNA pol 催化 RNA 链延伸的速度不同，*E.coli* 的 RNA pol 转录 T7 的速度为 17nt/s，而其他细菌的速度为 12~19nt/s。

（2）模板链的特殊序列。新生 RNA 链的延伸速度并非恒定，虽然 RNA pol 对 DNA 模板上的四种碱基都是同等且等效的，但当遇到模板的特殊序列时，转录速度就会突然下降到小于 0.1nt/s，这种序列称为暂停信号。暂停状态的模板链大多富集 GC 碱基，或是反向重复序列，GC 富集区使 RNA-DNA 的 5' 端较稳定，杂合双链不易解链，有时这种双链可长达数百个核苷酸。后者的存在使产物 RNA 形成茎环结构，破坏 RNA-DNA 杂合双链 5' 端的部分结构，阻碍三元复合物上游的模板恢复双链，从而影响了聚合酶沿着模板链前移。

（3）其他物质。通过离体实验发现，ppGpp（高度磷酸化的鸟苷酸分子调控）也能影响转录延伸的速度，但与底物 NTP 的掺入之间没有竞争现象，说明底物 NTP 与 ppGpp 两者在酶分子上结合的部位不同。

3.1.3.3　转录的终止

转录进行到终止子序列时，就进入了终止阶段，包括新生 RNA 链的释放及 RNA pol 与 DNA 解离。原核生物的终止子有两种：一种是不依赖因子的终止子，另一种是依赖 ρ 因子的终止子。

1. 无 ρ 因子的终止机制

不依赖 ρ 因子的终止子在结构上有两个特征：一是形成一个发夹结构（hairpin），二是发夹结构末端紧跟着 6 个连续的 U 串。不同终止子的发夹结构长度有差异，其长度范围为 7~20bp，发夹结构由一反向重复序列构成茎，中间的间隔形成环。在茎环底部有一富含 GC 对的区域。发夹结构中的突变可阻止转录的终止，说明发夹结构的重要作用。经研究确定，新生 RNA 链的发夹结构可使 RNA pol 催化的聚合反应暂停，暂停的时间因终止子不同有所差异，但典型的终止子暂停时间为 60s 左右。转录的终止并不只依赖于发夹结构，新生的 RNA 中有多处发夹结构。RNA pol 的暂停只是为转录的终止提供了机会，如果没有终止子序列，聚合酶可以继续转录，而并不发生转录的终止。6 个连续的 U 串可能为 RNA pol 与模板的解离提供信号。RNA-DNA 间的 U-A 结合力较弱，有利于 RNA 和 DNA 的解离。如果 U 串缺失或缩短，尽管 RNA pol 可以发生暂停，但不能使转录终止。DNA 上与 U 串对应的为富含 AT 对的区域，这说明 AT 富含区在转录的终止和起始中均起重要的作用。

2. 依赖 ρ 因子的终止机制

体外实验中研究人员发现尽管有终止子存在，RNA pol 只在终止子处暂停，但转录并不终止。向该反应系统中加入 ρ 因子，则可使转录在特定的位点终止，产生有独特 3' 端的 RNA 分子。这种终止称为依赖 ρ 因子的转录终止。在大肠杆菌的基因组中，依赖 ρ 因子的终止子相对较少，在噬菌体基因组中较多。经缺失实验表明，ρ 因子可识别终止位点上游 50~90bp 的区域。分析这段序列的 RNA 发现，C 的含量多，G 的含量少。C 的含量为 41%，而 G 的含量仅为 14%，终止发生在 CUU 中的某一个位置。一般而言，这种富含 C 而少 G 的序列越长，依赖于 ρ 因子的终止效率越高。并且依赖 ρ 因子的终止子虽有发夹结构，但 GC 含量低，且缺少 U 串。

ρ 因子作为 RNA pol 终止转录的重要辅助因子。其作用机制是：① ρ 因子首先结合于终止子上游新生 RNA 链 5' 端的某一个可能有序列特异性或二级结构特异性的位点；②利用其 ATPase 活性提供的能量，沿着 RNA 链向转录泡靠近，其运动速度比 RNA pol 在 DNA 链上的移动速度快；③当 RNA pol 移动到终止子而暂停时，ρ 因子追赶上 RNA pol；④终止子与 ρ 因子共同作用使转录终止；因子的 RNA-DNA 的解螺旋酶活性，使转录产物 RNA 从 DNA 模板链释放。

在原核生物中，转录与翻译是同时进行的，ρ 因子的终止作用可被核糖体阻碍。当生长旺盛时，mRNA 被多个核糖体所结合，ρ 因子没有机会与 mRNA 能占合。ρ 因子的突变对转录终止的影响变化很大。体外实验证明，不同的依赖 ρ 因子的终止子对 ρ 因子浓度的要求高低不一。在 ρ 因子的渗漏突变时，不同终止子的反应也有所区别。ρ 因子的突变可被其他的基因突变所抑制。在 ρ 因子突变引起的转录不能终止的菌株中，RNA pol β 亚基基因（rpoB）的一种突变可以恢复转录的终止。rpoB 的另一种突变可减弱依赖 ρ 因子的转录终止，说明 β 亚基可能是 ρ 因子的作用部位。

3.1.4 真核生物的 DNA 转录

真核生物细胞中的转录可分为三类：RNA pol Ⅰ 转录 rRNA、RNA pol Ⅱ 转录 mRNA、RNA pol Ⅲ转录 tRNA 和其他 sRNA（small RNA）。对于所有真核生物 RNA pol 的功能而言，都是先由转录因子结合到启动子上形成一种结构，以此为 RNA pol 提供所识别的靶标。这一点与细菌的 RNA pol 不同，因为在细菌中是由 RNA pol 识别启动子序列的。对于 RNA pol Ⅰ 和 RNA pol Ⅲ 而言，与它们配合的转录因子相对比较简单，但对于 RNA pol Ⅱ来说，与它配合的转录因子是一个相当大的家族，统称为基本转录因子（basal transcription factor）。这些由基本转录因子与 RNA pol Ⅱ一起形成的，包围着转录起始点的复合体，被称为基本转录装置（basal transcription apparatus），它们决定了转录的起始位置。

1. RNA pol Ⅰ所负责的基因转录

RNA pol Ⅰ只转录rRNA一种基因，包括5.8S rRNA、18S rRNA和28S rRNA。三种rRNA的基因（rDNA）成簇存在，共同转录在一个转录产物上（45S rRNA），45S rRNA通过转录后加工反应可分别得到三种rRNA。

（1）转录的基因启动子

RNA pol Ⅰ的启动子主要由两部分组成。人的RNA pol Ⅰ的启动子在转录起始位点的上游有两部分序列：①核心启动子（core promoter）位于–45~+20区域内，这段序列就足以使转录起始。这种启动子通常富含GC，仅有的保守序列元件是一个富含A-T的短序列元件，环绕着起始点，我们称之为Inr。②在核心启动子上游–180~–107区域内有一序列，称为上游调控元件（upstream control element，UCE），可大幅度提高核心启动子的转录起始效率。

核心启动子和UCE的序列高度同源，约有85%的序列相同，且都富含GC，但在转录起始点附近却倾向于富含AT，以使DNA双链更容易解链。

（2）转录因子

RNA pol Ⅰ起始转录需要两种辅助因子即UBF（UCE结合因子，UCE binding factor）和SL1（选择因子1，selectivity factor 1）。

UBF由一条多肽链组成，可特异地识别核心启动子和UCE中富含GC对的区域。UBF与RNA pol Ⅰ相互作用可识别不同来源的模板，如鼠的UBF1和RNA pol I可识别人的基因。

SL1由四个亚基组成，其中一个是TBP（TATA盒结合蛋白），另三个是TAF（TBP相关因子，TBP associated factor）。RNA pol Ⅰ的TBP种间保守性很强，负责与RNA pol相互作用。SL1类似于原核生物的σ因子，可与启动子特异结合，并可保证RNA pol（包括I、D和HI）定位于转录起始位点。SIA有种属特异性，即人的SL1不能识别鼠的基因的核心启动子和UCE，反之亦然。SL1没有单独识别特异DNA序列的功能，在UBF和DNA结合后，SL1才可结合。只有当两种辅助因子与DNA结合后，RNA pol Ⅰ才能与核心启动子结合，开始起始转录。

（3）转录起始、延伸和终止

RNA pol Ⅰ转录起始复合物的装配分三步：①两个UBF分别特异性地结合到上游控制元件（UCE）和核心启动子上。通过UBF蛋白质的相互作用，使UCE与核心启动子之间的DNA形成环状结构；② SL1结合到UBF-DNA复合物上；③当SL1和UBF结合后，RNA pol Ⅰ就结合到核心启动子上。原来结合于核心启动子的UBF直接作用于RNA pol Ⅰ，而结合于UCE的UBF再与前一个rRNA基因单元中的UBF接触结合，发生相互作用，并且两个位点间的DNA序列成环。

2. RNA pol Ⅱ所负责的基因转录

RNA pol Ⅱ负责催化 mRNA、具有帽子结构的 snRNA 和某些病毒 RNA 的转录。此类基因的转录最为复杂。

（1）转录基因的启动子结构和调控元件

RNA pol Ⅱ的启动子位于转录起始点的上游，由多个短序列元件组成。该类启动子属于通用型启动子，即在各种组织中均可被 RNA pol Ⅱ所识别，没有组织特异性。

经过比较多种启动子，发现 RNA pol Ⅱ的启动子有一些共同的特点，在转录起始点的上游有三个保守序列，又称为元件（element）。

1）TATA 框（TATA box）：TATA 框位于 –25 处，又称 Hogness 框或 Goldberg-Hogness 框，一致序列为 TATAATAAT，是三个元件中转录起始效率最低的一个。虽然有些 TATA 框的突变不影响转录的起始，但可改变转录起始位点。这说明 TATA 框具有定位转录起始点的功能。将 TATA 框反向排列，也可降低转录的效率。TATA 框周围为富含 GC 对的序列，对启动子的功能有重要影响。它和原核生物的启动子有些相似。但有些启动子中缺少 TATA 框。

2）CAAT 框（CAAT box）：CAAT 框位于转录起始点上游的 –75bp 处，一致序列为 GGC（T）CAATCT，因其保守序列为 CAAT 而得名。CAAT 框内的突变对转录起始的影响很大，它决定了启动子起始转录的效率及频率。对于启动子的特异性，CAAT 框并无直接的作用，但它的存在可增强启动子的强度。

3）GC 框（GC box）：GC 框位于 –90bp 附近，核心序列为 GGGCGG，一个启动子中可以有多个拷贝，并且可以正反两个方向排列。GC 框也是启动子中相对常见的成分。

（2）增强子和沉默子对基因转录的影响

除了启动子以外，近年来发现还有另一序列与转录的起始有关。它们不是启动子的一部分，但能增强或促进转录的起始，除去这两段序列会大大降低这些基因的转录水平，若保留其中一段或将之取出插至 DNA 分子的任何部位，就能保持基因的正常转录。因此，称这种能强化转录起始的序列为增强子或强化子（enhancer）。另外还有一种和增强子起相反作用的 DNA 序列，被称为沉默子（silencer），其可以抑制基因的转录。

（3）转录因子

参与蛋白质基因转录的转录因子有两类：一类为基础转录因子或普通转录因子，另一类属于特异性转录因子。前者是所有的蛋白质基因表达所必需的，后者为特定的基因表达所必需。

基础转录因子是广泛存在于各类细胞中的 DNA 结合蛋白，一般是指 RNA pol Ⅱ催化基因转录所必需的蛋白质因子。它们是在基因启动子上构成转录复合物的基本组分，属于组成型的转录因子，一般简写为 TF Ⅱ。目前认识较多的有 TF Ⅱ A、TF Ⅱ B、TF Ⅱ D、TF Ⅱ E、TF Ⅱ F、TF Ⅱ H、TF Ⅱ S 等。它们的一般特性如表 3-2 所示。

表 3-2　RNA pol Ⅱ所需要的部分基础转录因子

转录因子	亚基数目	功能
TF Ⅱ D	1TBP 12TAFs	与 TATA 盒结合 调节功能
TF Ⅱ A	3	稳定 TBP 与启动子的结合
TF Ⅱ B	1	招募 RNA pol Ⅱ，确定转录起始点
TF Ⅱ F	2	和 RNA pol Ⅱ结合，促进聚合酶与启动子的结合，确定转录起始过程中模板的位置
TF Ⅱ H	9	具有 ATP 酶、解链酶、CTD 激酶活性，促进启动子解链和清空
TF Ⅱ E	2	协助招募 TF Ⅱ H，激活 TF Ⅱ H，促进启动子的解链
TF Ⅱ S	1	刺激 RNA pol Ⅱ的剪切活性，提高转录的忠实性
TFUG	未知	作用类似于 TF Ⅱ A
TF Ⅱ I	未知	能与起始位点相互作用

（4）介导因子

介导因子（mediator）是在纯化 RNA pol Ⅱ时得到的与 CTD 结合的复合物，约由 20 种蛋白质组成，是转录预起始复合物的成分。它们在体外能够促进转录提高 5~10 倍，刺激 CTD 依赖于 TF Ⅱ H 的磷酸化反应提高 30~50 倍。

介导因子的组分有两类：一类是 SRB 蛋白，它们直接与 CTD 结合，可校正 CTD 的突变；另一类是 SWI/SNF 蛋白，其功能是破坏核小体的结构，促进染色质的重塑。

（5）转录起始、延伸和终止

转录的起始是各种转录因子和 RNA pol Ⅱ按照一定的次序，通过招募的方式形成预转录起始复合物（pre-initiation complex，PIC）的过程。转录因子和 RNA pol Ⅱ与启动子结合的次序可能是：TF Ⅱ D—TF Ⅱ A—TF Ⅱ B—TF Ⅱ F+RNA pol Ⅱ—TF Ⅱ E—TF Ⅱ H.

RNA pol Ⅱ催化的转录终止于一段终止子区域，终止子的性质以及其如何影响终止目前还不清楚。但已有证据表明，与 RNA pol Ⅱ最大亚基 CTD 结合的、参与加尾反应的切割多聚腺苷酸化特异分子（CPSF）和切割刺激因子（CstF）可能在调节终止反应中起作用。

3. RNA pol Ⅲ所负责的基因转录

RNA pol Ⅲ负责转录结构比较稳定的小分子 RNA，如 tRNA、5S rRNA、7SL RNA、核仁小分子 RNA（small nucleolar RNA，snoRNA）、无帽子结构的小分子细胞核 RNA（small nuclear RNA，snRNA）和某些病毒的 mRNA 等。

（1）转录的基因启动子特征

RNA pol Ⅲ转录基因的启动子有三类，第一类是属于基因内部启动子，位于基因编码区的内部，如 tRNA、5s rRNA 和腺病毒的 VA RNA 等。基因内部启动子的序列是高度保守的，且由于它们是基因内启动子，因此本身也被转录。第二类启动子（snRNA 的启动子）不是内部启动子，其位于转录起点上游，又称基因外部启动子，是近年来发现的非典型启动子，其结构类似于 RNA pol Ⅱ的启动子。这类启动子有四种元件：TATA 框、近端序列元件（PSE）、远端序列元件（DSE）和八聚体基序元件（OCT）。第三类是混合型启动子。这类启动子指的是既具有基因内的，也具有基因外的启动子序列元件构成的启动子。

（2）转录因子

RNA pol Ⅲ转录的起始需三种辅助因子 TF Ⅲ A、TF Ⅲ B 和 TF Ⅲ C 的参与。TF Ⅲ A 已被克隆，由一条肽链组成，是一种含锌指结构的蛋白，仅为 5S rRNA 基因转录所必需。

TF Ⅲ B 由 TBP 和其他两种蛋白质组成，是一种定位因子，结合于 A 盒上游约 50bp 的位置，但与它结合的序列无特异性。TF Ⅲ C 由 6 个亚基组成，负责与 tRNA 启动子的 A 盒和 B 盒结合。

（3）转录起始、延伸和终止

1）tRNA 基因转录的起始。先是 TF Ⅲ C 结合到启动子上，然后 TF Ⅲ C 招募到 TF Ⅲ B，并与之相互作用，最后 RNA pol Ⅲ 结合于 TF Ⅲ B-TF Ⅲ C-DNA 复合物。TF Ⅲ C 而后从复合物中释放出来，进行下一轮循环。

2）5S rRNA 基因转录的起始。TF Ⅲ A 先与启动子结合，然后 TF Ⅲ C 被 TF Ⅲ A 招募上来，形成一种稳定的复合物，随后 TF Ⅲ B 被 TF Ⅲ C 招募到转录起始点附近，最后 RNA pol Ⅲ通过与 TBP 的作用被招募到转录的起始复合物中，开始转录。

RNA pol Ⅲ催化的基因转录终止需要一段富含 GC 的序列和一小串 U，一般来说 4 个 U 就够了，富含 GC 的序列不需要形成茎环结构。

3.2 RNA 复制

RNA 复制是以 RNA 为模板合成 RNA 的过程，它发生在许多 RNA 病毒的生活史之中，由依赖于 RNA 的 RNA pol（RNA-dependent RNA polymerase，RdRP）催化。RdRP 又名 RNA 复制酶（RNA replicase），一般由病毒基因组编码，但有可能还需要宿主细胞编码的辅助蛋白。例如，Qβ 噬菌体的复制酶由 4 个亚基组成，只有 1 个亚基由自身基因组编码，其他 3 个亚基分别是宿主细胞的 S1 核糖体蛋白、翻译延伸因子 EF-Tu 和 EF-Ts。所有的 RdRP 都具有保守的结构基序，只有聚合酶活性，没有核酸酶活性。

RNA 复制的过程与转录相似，但也有一些不同于转录的特点。

（1）RNA 复制绝大多数发生在宿主细胞的细胞质，少数在细胞核。由于基因组 RNA 有单链和双链之分，而单链 RNA 又有正链和负链两种，其 RdRP 和复制的机制有所不同，但复制的方向均为 5' → 3'。RdRP 对放线菌素 D 一般不敏感，但对核糖核酸酶敏感。

（2）RNA 复制绝大多数在模板的一端从头启动合成，少数需要引物，引物为共价结合的蛋白质或 5'- 帽子。

（3）RdRP 只有聚合酶活性，没有核酸酶活性，缺乏核酸酶提供的校对能力，其错误率比 DNA 聚合酶高约 10^4 倍。如此高的错误率导致 RNA 病毒很容易发生突变，其进化速率比 DNA 病毒快 10^4 倍。RNA 病毒的基因组较小，绝大多数在 5~15kb，少数大于 30kb。而基因组越大，复制出错的机会越大。因为 RNA 病毒的基因组序列变化较快，治疗 RNA 病毒的药物和疫苗很容易失效。

由于基因组 RNA 有单链和双链之分，而单链 RNA 又有正链和负链两种，所以不同 RNA 病毒基因组 RNA 复制的细节有所不同。

3.2.1　双链 RNA 病毒的 RNA 复制

双链 RNA 病毒在感染宿主细胞后，其基因组 RNA 不能用作 mRNA，因此在病毒包装的时候就将 RdRP 包装到病毒颗粒之中，以便在病毒进入宿主细胞之后能够通过转录合成 mRNA。

目前人类对于这一类病毒基因组复制的机理知道的并不多，研究较多的是轮状病毒（Rotaviruses）。轮状病毒都有双层的衣壳结构，在进入宿主细胞以后，外层衣壳因为蛋白酶的水解而脱去，在细胞质留下裸露的核心颗粒。在颗粒内部 RdRP 的催化下，以双链 RNA 的负链作为模板，转录出带有帽子结构，但没有 PolyA 尾巴的单顺反子 mRNA，其大小与正链相同。在转录过程中，mRNA 伸入到细胞质之中与核糖体结合进行翻译。翻译产物有结构蛋白和 RdRP。它们与 mRNA 结合形成病毒质（viroplasm），然后再组装成非成熟的病毒颗粒，在颗粒内部以 mRNA 为模板，合成负链 RNA，形成双链 RNA。

3.2.2　正链 RNA 病毒的 RNA 复制

这一类病毒的基因组 RNA 与 mRNA 同义（如脊髓灰质炎病毒），因此可直接用作 mRNA。一旦病毒进入宿主细胞，基因组 RNA 被作为模板，进行翻译。而基因组 RNA 的复制由 RdRP 催化，经过互补的反基因组（antigenome）负链 RNA 中间物，再合成出新的基因组 RNA。

以 SARS 病毒(severe acute respiratory syndrome virus)为代表的冠状病毒(coronavirus)、噬菌体 Qβ 和灰质炎病毒均属于这一类。病毒进入宿主细胞，即可以其基因组 RNA 作为模板，利用宿主细胞的蛋白质合成系统进行翻译。基因组 RNA 的复制由 RdRP 催化，经过互补的反基因组（antigenome）负链 RNA 中间物，再合成出新的基因组 RNA。

灰质炎病毒感染细胞后，利用宿主细胞的核糖体合成一条长肽链，在宿主蛋白酶的作用下，水解生成 1 个复制酶，4 个外壳蛋白和 1 个功能不明的蛋白质。随后由复制酶催化病毒 RNA 进行复制。

这类病毒感染宿主细胞之后，基因组 RNA 上的 RdRP 基因立即被翻译。翻译好的 RdRP 催化负链 RNA 的合成，随后，以负链 RNA 作为模板，转录一系列 3' 端相同，但 5' 端不同的亚基因组 mRNA。亚基因组 mRNA 可以被翻译成蛋白质，全长的 mRNA 并不与核糖体结合进行翻译，而是作为基因组 RNA 被包装到新病毒颗粒之中。

3.2.3 负链 RNA 病毒的 RNA 复制

这一类病毒的基因组 RNA 是 mRNA 的互补链，典型的例子是麻疹病毒（measles virus）和流感病毒（influenza virus）。这类病毒通常含有多个拷贝的 RNA，如禽流感病毒（avian influenza virus，AIV）的基因组由 8 股 RNA 片段构成，分别编码不同的蛋白质。这类病毒进入宿主细胞之后，必须拷贝成与其互补的正链 RNA 以后，才能指导病毒蛋白的合成。因此在新病毒颗粒装配的时候，需要将 RdRP 包装到病毒颗粒中，以便在病毒进入新的宿主细胞之后能够迅速转录出 mRNA。

以禽流感病毒（avian influenza virus，AIV）为例，其基因组由 8 股 RNA 节段构成，分别编码不同的蛋白质，如流感病毒的生活史，共由 7 个阶段组成：

（1）病毒通过受体介导的内吞方式进入宿主细胞。

（2）进入宿主细胞的病毒颗粒脱去外面的衣壳，释放出 8 股基因组 RNA。

（3）基因组 RNA 进入细胞核，被转录成 mRNA。

（4）一部分 mRNA 从宿主细胞 mRNA 中“窃”得帽子结构以后进入细胞质进行翻译，得到各种蛋白质产物——NS1、NS2、PB1、PB2、PA、NP、M1、M2、HA 和 NA，其中 HA 和 NA 在粗面内质网上翻译，经过高尔基体转运到细胞膜。

（5）一部分 mRNA 作为模板，复制出 8 股基因组 RNA。

（6）8 股基因组 RNA 先与进入细胞核的病毒蛋白 PB1、PB2、PA 和 NP 形成复合物，然后离开细胞核进入细胞质，被含有 HA 和 NA 的质膜包被，装配成新的病毒颗粒。

（7）新的病毒颗粒通过出芽的方式释放出来。

3.2.4 无模板的 RNA 合成

多核苷酸磷酸化酶（polynucleotide phosphorylase）可以催化由核苷二磷酸随机聚合成多核苷酸链的反应，反应不需模板，产物的碱基组成取决于核苷二磷酸的种类和相对比例。迄今，只在细菌中得到多核苷酸磷酸化酶，该酶在体内的功能可能是分解 RNA。1955 年 Ochoa 发现该酶在体外可随机聚合生成 RNA，科学工作者随即利用该酶以不同比例的 2 种 NDP 为原料，人工合成 mRNA 作用肽链合成的模板，对比所合成肽链的氨基酸组成和人工 mRNA 中可能的三联体组合，为遗传密码的破译提供了丰富的信息。在科学研究工作中，该酶还可用于合成 polyU 或 polyT 等寡核苷酸链。

第 4 章　基因表达控制

4.1　基因、基因组和基因组学

4.1.1　基因和基因组

4.1.1.1　基因

通常指可以编码具有特定生物学功能的蛋白质或 RNA，负载特定遗传信息的 DNA 序列（某些 DNA 病毒的基因为 RNA）。基因（gene）基本结构包括编码序列、位于编码序列前后的非编码序列（包括调节序列、间隔序列等）。

4.1.1.2　基因组

指一个生物体所含有的全部遗传信息。对原核生物、噬菌体、质粒和病毒而言，基因组（genome）通常是单个 DNA 分子；某些病毒基因组由 RNA 构成。对真核生物而言，基因组包含染色体 DNA、线粒体 DNA 和叶绿体 DNA，其中线粒体 DNA 和叶绿体 DNA，属于核外遗传物质。

1. 原核生物基因组的结构特点

原核生物的细胞无核膜及成形的细胞核，其基因组在结构上具有以下特点：①基因组一般为一个分子量比较小的双链闭合环状 DNA 分子；②基因组中重复序列和非编码序列很少，编码序列所占比例较大（约 50%）；③编码蛋白质的基因是连续的，多为单拷贝基因，而编码 rRNA 的基因是多拷贝基因；④基因组中存在可移动的 DNA 序列，如插入序列和转座子；⑤具有操纵子结构。

2. 真核生物基因组的结构特点

与原核生物基因组比较，真核生物基因组具有以下结构特点：

（1）结构十分庞大

人类基因组 DNA 约 3.0×10^9 bp，含 2 万~2.5 万个基因。

（2）存在大量重复序列

根据重复频率的不同，真核生物基因组中的重复序列可分为高度重复序列（highly

repetitive sequence）、中度重复序列（moderately repetitive sequence）和单拷贝序列（single copy sequence）或低度重复序列（lowly repetitive sequence）3 种。

1）高度重复序列是指存在于真核基因组中，重复频率达 10^6 次以上，不编码蛋白质或 RNA 的短核苷酸重复序列。此类重复序列有两种：①反向重复序列（inverted repeat sequence）。两个序列相同的核苷酸片段在同一 DNA 分子上呈反向排列，称为反向重复序列；②卫星 DNA（satellite DNA），又称串联重复序列，分布于各种染色体 DNA 的非编码区，长度从 2 个碱基到数百个碱基不等。

2）中度重复序列指在基因组中重复次数小于 10^5。此种重复序列有几种特殊的类型：① Alu 家族，在单倍体人基因组中重复达 30~50 万次，因序列中含有限制性内切核酸酶的酶切位点而得名；② Kpn Ⅰ家族，是仅次于家族的第二大中度重复序列，因序列中含有限制性内切核酸酶 Kpn Ⅰ的酶切位点而得名；③ Hinf 家族，是长度为 319bp 的串联重复序列，因序列中含有限制性内切核酸酶 Hinf Ⅰ的酶切位点而得名。此外，编码 tRNA、rRNA、组蛋白和免疫球蛋白的基因也属于中度重复序列。

3）单拷贝序列是基因组中只出现一次或数次的序列，也称为低度重复序列，大多数蛋白质的编码基因属于这一类。

（3）存在多基因家族和假基因

多基因家族是指由某一基因经过重复和变异产生的结构和功能相似的一组基因。多基因家族大致可分为两类：一类是集中分布在某一条染色体上，可同时发挥作用，合成某些蛋白质，如组蛋白基因家族；另一类是同一基因家族的不同成员分布于不同染色体上，共同编码一组功能上相关的蛋白质，如珠蛋白基因家族。

假基因是存在于基因组中与正常基因序列相似但不具备表达功能的 DNA 序列，人类基因组中的假基因用希腊字母 Ψ 表示。

3. 人类基因组计划

人类基因组计划（human genome project，HGP）是由美国生物学家、诺贝尔奖获得者杜尔贝科（R.Dulbecco）于 1986 年率先提出的研究设想。主要目标是测定人类基因组 DNA 约 30 亿碱基对的排列顺序，在此基础上发现所有人类基因并确定它们在染色体上的位置，从而破译人类全部遗传信息。HGP 于 1991 年启动，我国参与了 HGP 的部分工作。2001 年 2 月，HGP 完成了 90% 以上的人类基因组测序工作，制作了包括全部编码序列的工作草图。2003 年，多国科学家联合宣布，HGP 所有既定目标全部实现——在人染色体上对基因组作遗传图（genetic map）、物理图（physical map）、转录图（transcription map）和序列图（sequence map）。

HGP 提供的这“四张图”是解开人类进化和生命之谜的“生命元素周期表”，是阐明人类 6000 多种单基因和多基因遗传病发病机制的“分子水平解剖图”，并为这些疾病的诊断，治疗和预防奠定了基础。HGP 是继 1953 年 DNA 双螺旋结构阐明之后，生命科学研究史上的又一个里程碑。

4.1.2　基因组学

1986 年美国科学家托马斯·罗德里克（Thomas Roderick）提出了基因组学（genomics）概念，而基因组学作为一门新兴学科，其诞生是以“人类基因组计划”的启动为标志的，由“后人类基因组计划”（post-human genome project，PHGP）的实施推动其发展，尽管基因组学处于早期发展阶段，但对生物学、人类遗传学、医药学乃至人类社会生活都将产生深远的影响。

1. 基因组学的概念

基因组学是指发展和应用 DNA 制图、测序新技术以及计算机程序，分析生命体全部基因组结构、功能及基因之间相互作用的一门科学。基因组学内容广泛，包括“人类基因组计划”“转录组学”“蛋白质组学”及部分“生物信息学”等内容。

2. 基因组学的研究领域

基因组学研究分为 3 个不同的亚领域，即结构基因组学（structural genomics）、功能基因组学（functional genomics）和比较基因组学（comparative genomics），具体研究内容见表 4-1。

表 4–1　基因组学的研究领域和内容

亚领域	内容
结构基因组学	整个基因组的遗传作图、物理作图及 DNA 测序
功能基因组学	认识、分析整个基因组所包含的基因、非基因序列及其功能
比较基因组学	比较相同或不同物种的整个基因组，增强对各个基因组功能及发育相关性的认识

（1）结构基因组学

结构基因组学代表基因组分析的早期阶段，是一门通过基因作图、核苷酸序列分析确定基因组成、基因定位的科学，通过人类基因组计划的实施来完成。研究内容包括：①遗传图，是以等位基因的遗传多态性作为遗传标志，以遗传标志之间的重组频率作为遗传学距离而制作的基因组图，又称基因连锁图（gene linkage map）。遗传学距离的单位为厘摩（centimorgan，cM）。就人类而言，1cM 大约相当于 10^6 bP。②物理图，以已知核苷酸序列的 DNA 片段（称为序列标志位点，sequence tagged sites，STS）为标志，以碱基对（bp）作为基本测量单位（图距）而制作的基因组图。③转录图，以具有表达能力的 DNA 序列（称为表达序列标签，expressed sequence tag，EST）为“路标”的基因组图。EST 占人类基因组总序列的 2%。④序列图，为基因组中全部核苷酸的排列顺序图。在基因组图中，序列图是分子水平上最高层次、最详尽的物理图。

（2）功能基因组学

完成一个生物体全部基因组测序后即进入后基因组阶段——详尽分析序列，描述基因组所有基因的功能，研究基因的表达和调控模式，即功能基因组学。研究内容包括：①鉴定DNA序列中的基因，即对基因组序列进行注释，包括鉴定和描述推测的基因、非基因序列及其功能；②同源搜索分析基因功能，同源基因在进化中来自共同的祖先，故通过核苷酸或氨基酸序列的同源性比较，即可推测基因组内功能相似的基因；③实验性设计基因功能，通过进行基因缺失或剔除实验，结合缺失或剔除后所观察到的表型变化即可推测基因功能；④描述基因表达模式涉及两个重要概念，即转录组（transcriptome）和蛋白质组（proteome）。转录组广义上指某一生理条件下，细胞内所有转录产物的集合，包括mRNA、rRNA、tRNA及非编码RNA；狭义上指所有mRNA的集合。蛋白质组的概念由澳大利亚科学家马克·威尔金斯（Marc Wilkins）最先提出，指由一个基因组或一个细胞、组织表达的所有蛋白质。

（3）比较基因组学

比较基因组学是在基因组图谱和测序基础上，对已知基因和基因组结构进行比较，从而了解基因的功能、表达机制和物种进化的学科。研究内容包括种内比较基因组学和种间比较基因组学。

4.2 基因表达调控及其基本原理

4.2.1 基因表达与基因表达调控的概念

1. 基因表达

基因表达（gene expression）指基因转录和翻译的过程，即DNA分子上的基因经历基因激活、转录和翻译等过程，转变为具有生物学功能的RNA或蛋白质的过程。

2. 基因表达调控

基因表达调控（regulation of gene expression）简单来说，指基因表达各个环节的调控。具体是指生物体在适应生存环境变化的过程中，控制基因是否表达及表达效率的机制。即基因如何表达，何时表达，在哪里表达以及表达多少等。生物体的内外环境处于动态变化中，基因表达调控在机体适应环境变化、维持自身生长和增殖、维持个体发育与分化等方面均具有重要的生物学意义。

4.2.2 基因表达的特点

无论是原核生物，还是真核生物。基因表达都表现为严格的规律性，即时间特异性和空间特异性。

1. 时间特异性

生物体内基因表达严格按照特定的时间顺序发生，称为基因表达的时间特异性（temporal specificity）。从受精卵发育为成熟个体的各个阶段，多细胞生物的相应基因严格按特定的时间顺序开启或关闭，表现为与分化、发育阶段一致的时间性。因此，多细胞生物基因表达的时间特异性又称为阶段特异性（stage specificity）。例如，人类红细胞在胚胎早期合成的血红蛋白主要是 Hb Gower Ⅰ、Hb Gower Ⅱ和 Hb Portland，在胚胎中期以后主要是 HbF，出生后则主要是 HbA。

2. 空间特异性

在个体生长、发育的全过程，同一基因在个体的不同组织或器官表达不同，称为基因表达的空间特异性（spatial specificity），又称组织特异性（tissue specificity）或细胞特异性（cell specificity）。例如编码胰岛素的基因仅在胰岛的 β 细胞内表达，而编码胰高血糖素的基因仅在胰岛的 α 细胞内表达。生物体内各种细胞、组织或器官都有其特定的基因表达谱。

4.2.3　基因表达的方式

由于各种生物的遗传背景、生活环境不同，基因的性质、功能以及基因对内外环境刺激的反应性也不相同。因此，生物体内基因的表达方式和调控方式也各不相同。

1. 组成性表达

有些基因在整个生命过程和几乎所有细胞中都持续表达，这些基因称为管家基因（housekeeping gene）。例如，rRNA 基因、tRNA 基因、三羧酸循环相关酶的基因、DNA 复制过程中必需蛋白质的基因等。管家基因表达水平受环境影响较小，在组织细胞中呈现持续稳定表达的特点，这种表达方式称为组成性基因表达（constitutive gene expression）或基本基因表达。管家基因及组成性基因的表达是细胞维持基本生存所必需的。

2. 诱导和阻遏

与管家基因不同，有些基因的表达易受环境变化的影响。随环境条件变化基因表达水平增高的现象称为诱导（induction），这类基因称为可诱导基因（inducible gene）。例如，在 DNA 损伤时，编码 DNA 修复酶的基因就会被诱导激活，使其表达增加。相反，随环境条件变化基因表达水平降低的现象称为阻遏（repression），相应的基因称为可阻遏基因（repressible gene）。例如，当培养基中色氨酸含量充足时，细菌中催化色氨酸合成的相关酶的基因的表达就会被阻遏。

3. 协调表达

生物体的新陈代谢由多个代谢途径组成，每一个代谢途径又包括一系列化学反应，需要多种酶和蛋白质参与。编码这些酶和蛋白质的基因被统一调节，使参与同一代谢途径的所有蛋白质分子比例适当，确保代谢途径有条不紊地进行。这些功能上相关的一组基因，在一定机制控制下，协调一致，共同表达，称为协调表达（coordinate expression）。例如，原核生物的操纵子表达就是典型的协调表达模式。

4.2.4 基因表达调控的基本原理

4.2.4.1 多层次的复杂过程

基因表达调控是个复杂的过程，可发生在基因激活、转录起始、转录后加工、蛋白质翻译及翻译后加工等遗传信息传递的各个环节。任何一个环节出现异常，都会影响特定基因的表达。在遗传信息的传递过程中，转录处于承上启下的中间环节，而发生在转录水平，尤其是转录起始水平的调节，对基因表达起着至关重要的作用。因此，转录起始是基因表达的基本控制点。

4.2.4.2 特异 DNA 序列和转录调节蛋白共同调节转录起始

基因表达的调节与基因的结构和性质、生物个体所处的内外环境与细胞内转录调节蛋白有关。转录起始是基因表达的最主要、最有效、最经济的控制点，是生物体所采取的一种最普遍的基因表达调控方式，需要特异 DNA 序列和转录调节蛋白共同调节。

1. 特异 DNA 序列

原核生物基因和真核生物基因都存在特异 DNA 序列，这些特异 DNA 序列对转录起始具有重要的调节作用。

原核生物大多数基因的表达通过操纵子机制实现。操纵子（operon）由编码序列（coding sequence）、启动序列（promoter，P）、操纵序列（operator，O）以及其他调节序列（regulatory sequence）串联组成。启动序列是 RNA 聚合酶结合并启动转录的特异 DNA 序列。各种原核基因启动序列的特定区域内，通常在转录起始点上游 –10 区和 –35 区存在一些高度保守的相似序列，称为共有序列（consensus sequence）。*E.coli* 及一些细菌 –10 区的共有序列是 TATAAT，又称 Pribnow 框（Pribnow box），在 –35 区的共有序列为 TTGACA。原核生物 RNA 聚合酶的 σ 因子识别并结合共有序列，共有序列中任一碱基突变都会影响 RNA 聚合酶与启动序列的结合，进而影响转录起始。因此，共有序列直接决定启动序列的转录活性。操纵序列是一段能被特异阻遏蛋白识别和结合的 DNA 序列，与启动序列毗邻或接近。当操纵序列结合阻遏蛋白时，影响 RNA 聚合酶与启动序列结合或阻止 RNA 聚合酶沿 DNA 模板移动，介导负性调节；原核生物操纵子调节序列中还有一种可结合激活蛋白的特异 DNA 序列，当激活蛋白与此 DNA 序列结合后，RNA 聚合酶活性增强，介导正性调节。

与原核生物相比，真核生物基因转录起始调控涉及的 DNA 序列更加复杂和多样化。绝大多数真核基因调控涉及编码基因两侧的某些 DNA 序列——顺式作用元件（cis-acting elements），即在同一 DNA 分子中，作用于自身基因并影响其表达活性的一段特异的非编码 DNA 序列。不同的真核基因有不同的顺式作用元件。与原核基因相似，在真核基因的启动序列中存在一些一致序列，如 TATA 框、CAAT 框等，这些一致序列是顺式作用元件的核心序列，它们能与真核生物 RNA 聚合酶或转录调节因子结合，介导转录起始。

2. 转录调节蛋白

某些蛋白质可以通过与特异 DNA 序列结合参与基因表达调控。

原核生物转录调节蛋白分为 3 类，分别是特异因子、阻遏蛋白和激活蛋白。①特异因子决定 RNA 聚合酶对启动序列的特异性识别和结合能力，如 σ 因子；②阻遏蛋白（repressors）可识别、结合操纵序列，阻遏 RNA 聚合酶与启动序列结合或向下游移动，抑制基因转录；③激活蛋白（activators）通过与启动序列邻近的 DNA 序列结合，促进 RNA 聚合酶与启动序列结合，提高 RNA 聚合酶的转录活性，如分解（代谢）物基因激活蛋白（catabolite gene activator protein，CAP）。某些原核基因在无激活蛋白存在时，RNA 聚合酶很少或根本不与启动序列结合，故无法转录。

绝大多数真核转录调节蛋白通过 DNA- 蛋白质相互作用（与顺式作用元件的识别、结合）或蛋白质 – 蛋白质的相互作用，调节另一基因的转录，称为反式作用因子（transacting factors）。某些基因产物通过识别、结合自身基因的调节序列，进而调节自身基因的表达，这类调节蛋白称为顺式作用蛋白。

4.3 原核基因表达的调控

原核生物结构简单，没有成形的细胞核，基因组是闭合环状 DNA 分子，可根据环境的变化快速调节自身基因的表达，适应环境而生存。

4.3.1 原核基因表达调控的特点

原核基因的表达受基因水平、转录水平、翻译水平等多级水平调控，但最主要的调控是转录起始阶段。原核基因表达调控具有以下特点。

1. 转录调节主要采用操纵子模式

原核生物的大多数基因以操纵子模式存在。即功能相关的几个基因串联排列，受一个调控区调控，转录生成一个可编码多条多肽链的 mRNA 分子，最终表达产物是一些功能相关的酶或蛋白质，共同参与某一代谢途径。

2. RNA 聚合酶 σ 因子对特异序列的识别

在原核生物转录起始阶段，RNA 聚合酶通过 σ 因子识别启动序列，对基因进行转录。不同的 σ 因子识别特定的启动序列，从而开启特定基因的转录。

3. 普遍存在阻遏蛋白的负性调节

阻遏蛋白是原核生物转录水平普遍存在的，对基因表达产生负性调控的蛋白质。当阻遏蛋白与操纵序列结合或解聚时，特定基因相应地出现转录阻遏或转录去阻遏。

4.3.2 操纵子结构

操纵子是原核生物基因表达调控的基本方式。除少数基因外，大多数原核生物的基因以多顺反子的形式转录，几个功能相关的基因串联在一起，形成一个受上游调控序列共同调节的转录单位——操纵子。操纵子的基本结构从 5' 端到 3' 端分别是其他调节序列（一般位于启动序列上游）、启动序列、操纵序列和多个结构基因（编码序列）。其他调节序列、启动序列和操纵序列组成操纵子的调控区，共同参与结构基因的表达调控，结构基因编码功能相关的蛋白质。当操纵序列结合阻遏蛋白时，会阻碍 RNA 聚合酶与启动序列的结合或使 RNA 聚合酶不能沿 DNA 向前移动，阻碍转录。

4.3.3 乳糖操纵子

4.3.3.1 乳糖操纵子结构

E.coli 乳糖操纵子（*Lac* operon）的结构从 5' 端到 3' 端分别是调节基因 I 的启动序列（P_1）、调节基因（I）、CAP 结合位点、启动序列（P）、操纵序列（O）及 Z（β-半乳糖苷酶）、Y（乙酰基转移酶）、A（透过酶）三个结构基因。其中调节基因 I 的启动序列、调节基因、CAP 结合位点、启动序列和操纵序列共同构成 *Lac* 操纵子的调控区。调节基因 I 编码一种阻遏蛋白，该阻遏蛋白可与操纵序列结合，使操纵子关闭；Z、Y、A 三个结构基因分别编码 β-半乳糖苷酶、半乳糖苷通透酶和半乳糖苷转乙酰基酶，三种酶的作用分别是：催化乳糖水解生成半乳糖和葡萄糖；转运乳糖进入细胞；调节细胞对乳糖的摄取和代谢。三个结构基因受调控区共同调节，实现基因产物的协调表达。

4.3.3.2 乳糖操纵子调控机制

1. 阻遏蛋白的负性调节

在无乳糖存在时，调节基因在启动序列（P_1）调控下，表达阻遏蛋白与操纵序列结合，阻碍 RNA 聚合酶与启动序列结合，抑制转录启动，*Lac* 操纵子关闭。但阻遏蛋白与操纵序列会偶然解聚而使转录得以短暂进行，故细胞中会生成少量 β-半乳糖苷酶、半乳糖苷通透酶及半乳糖苷转乙酰基酶。

当有乳糖存在时，乳糖经半乳糖苷通透酶转运进入细胞，再经细胞内少量 β-半乳糖苷酶催化，转变为半乳糖。半乳糖作为诱导剂结合阻遏蛋白，使阻遏蛋白构象发生变化，导致阻遏蛋白与操纵序列解离，启动转录，*Lac* 操纵子表达。一些化学合成的半乳糖类似物，如异丙基硫代半乳糖苷（isopropyl thiogalactoside，IPTG）等也能与阻遏蛋白特异性结合，

诱导 *Lac* 操纵子开放。

2. CAP 正性调节

CAP 分子内有 cAMP 结合位点和 DNA 结合区。只有 CAP 与 cAMP 形成复合物并结合到 *Lac* 操纵子的 CAP 结合位点时，才能促进 RNA 聚合酶与启动序列结合，提高转录活性。当环境中没有葡萄糖时，cAMP 浓度升高，cAMP 与 CAP 形成复合物并结合于 CAP 结合位点，增强 *Lac* 操纵子转录；当环境中有葡萄糖时，抑制腺苷酸环化酶的活性，cAMP 浓度降低，影响 cAMP 与 CAP 复合物形成，*Lac* 操纵子表达下降。

3. 协调调节

Lac 操纵子转录起始由阻遏蛋白负性调节与 CAP 正性调节共同调控：当阻遏蛋内封闭转录时，CAP 对 *Lac* 操纵子不发挥转录增强作用；当阻遏蛋白从操纵序列上解聚时，如果没有 CAP 结合到 *Lac* 操纵子上加强转录活性，由于 *Lac* 操纵子启动序列是一个弱启动序列，*Lac* 操纵子几乎不能转录。

当环境中葡萄糖和乳糖同时存在时，细菌优先使用葡萄糖。这种情况下，葡萄糖通过降低 cAMP 浓度，阻碍 cAMP 与 CAP 结合，抑制 *Lac* 操纵子表达。这种葡萄糖对 *Lac* 操纵子的阻遏作用称为分解代谢阻遏（catabolic repression）。只有当环境中无葡萄糖或葡萄糖浓度很低而乳糖浓度很高时，半乳糖作为诱导剂发生去阻遏作用，同时 CAP 与 cAMP 形成复合物发挥转录增强作用，才能开启 *Lac* 操纵子转录。

4.3.4　色氨酸操纵子

E.coli 含有合成色氨酸的相关酶，编码这些酶的结构基因和其上游调控序列组成一个转录单位，称为色氨酸操纵子（*Trp* operon）。当环境中色氨酸缺乏时，*Trp* 操纵子开启合成色氨酸；当环境能够提供色氨酸时，*Trp* 操纵子就会关闭，停止色氨酸合成所需相关酶的表达。

4.3.4.1　色氨酸操纵子的结构

E.coli 色氨酸操纵子从 5' 端到 3' 端依次为调节基因（R）、启动序列（P）、操纵序列（O）、前导序列（leader sequence，L）及结构基因 *Trp*E、*Trp*D、*Trp*C、*Trp*B、*Trp*A。其中调节基因、启动序列、操纵序列、前导序列共同构成 *Trp* 操纵子的调节区，5 个结构基因编码合成色氨酸所需的 5 种酶。

4.3.4.2　色氨酸操纵子的调控机制

1. 阻遏调节

当环境中无色氨酸时，调节基因表达的阻遏蛋白不与操纵序列结合，*Trp* 操纵子开放，色氨酸合成代谢相关酶基因转录，合成色氨酸；当环境中有足够浓度的色氨酸时，阻遏蛋白与色氨酸结合后构象发生变化，能够与操纵序列特异结合，阻遏 *Trp* 操纵子转录，不再合成色氨酸。但这种阻遏作用并不完全，仅能阻断 70% 的转录起始。

2. 转录衰减

E.coli 色氨酸操纵子的表达调控除了阻遏机制之外，还有转录衰减机制。当环境中色氨酸达到一定浓度，但还不足以使阻遏蛋白发挥阻遏调节作用时，色氨酸操纵子的表达已经明显减弱。进一步研究表明，这种调控现象是通过色氨酸操纵子的特殊结构和原核生物转录翻译相偶联实现，即转录衰减机制。在色氨酸操纵子的操纵序列（O）和第一个结构基因之间有前导序列（L），转录起始位点位于前导序列（L）之中。因此，首先转录出 162 nt 的前导 RNA，主要包括含有 2 个相邻色氨酸密码子的前导肽编码序列和 4 段特异的互补序列。其中序列 1 有独立的起始和终止密码子，可翻译为含有 14 个氨基酸残基的前导肽，且第 10 位和第 11 位都是色氨酸。4 段特异互补序列中，序列 1 与序列 2、序列 2 与序列 3、序列 3 和序列 4 可互补结合，在序列 4 下游有一连串因为原核基因转录和翻译偶联，故前导肽翻译起始时，色氨酸操纵子转录还在进行中。若环境中有较多的色氨酸，细菌合成色氨酰 tRNA，核糖体能顺利完成前导肽的翻译，到达前导肽的终止密码子，此时核糖体覆盖序列 1 和序列 2，RNA 聚合酶转录出的序列 3 和序列 4 形成发夹结构，连同下游的一连串 U，形成一个不依赖 ρ 因子的终止结构——衰减子（attenuator），使操纵子转录尚未进入结构基因就终止。若环境中缺乏色氨酸，则无色氨酰 tRNA 合成，翻译时核糖体就停留在前导 RNA 的色氨酸密码子处，只覆盖序列 1，此时序列 2 和序列 3 形成发夹结构，阻止了序列 3 和序列 4 形成衰减子结构，转录继续进行，*Trp* 操纵子得以表达。

总之，在 *Trp* 操纵子中，前导序列发挥了随色氨酸浓度升高而降低转录的作用，故将这段序列称为衰减子序列。阻遏蛋白对结构基因转录的负调控起着粗调作用，衰减子起着精调作用。在色氨酸浓度高时，原核生物通过阻遏和转录衰减机制共同关闭色氨酸合成酶基因的表达，保证了营养物质和能量的合理利用，这实际上是基因水平上终产物的反馈抑制作用。

4.4 真核基因表达的调控

真核生物的细胞结构和基因组结构远比原核生物复杂，其基因表达调控涉及染色质活化、转录起始、转录后加工、翻译及翻译后加工等各个阶段，且调控机制更为复杂。

4.4.1 真核基因表达调控的特点

1. 基因组结构庞大，存在大量调控序列

人类基因组约 3×10^9bP，而大肠杆菌基因组 4.6×10^6bp~5.6×10^6bp。原核基因组的大部分序列为基因编码序列，而人类基因组中仅有 1% 的序列编码蛋白质，5%~10% 的序列编码 tRNA、rRNA 等，其余 80%~90% 的序列，包括大量调控序列，功能至今尚不清楚。

2. 结构基因不连续，增加了调控的层次

原核生物的基因大多数是连续的，而真核生物基因两侧存在不转录的非编码序列，结构基因内部还有内含子（intron）、外显子（exon），因此真核基因是不连续的。基因转录产物要通过剪接（splicing）方式去除内含子，连接外显子，形成成熟的 mRNA，这些过程增加了基因表达调控的层次。

3. mRNA 是单顺反子

原核生物的大多数基因按功能相关性串联形成操纵子，操纵子转录生成的 mRNA 是多顺反子（polycistron）；而真核生物基因转录生成的 mRNA 是单顺反子（monocistron），即一个结构基因生成一个 mRNA 分子，翻译生成一条多肽链。很多真核生物蛋白由两条或两条以上的多肽链组成，因此涉及多个基因的协调表达。

4. 染色质结构影响基因表达

真核生物基因组 DNA 与组蛋白构成核小体，进一步超螺旋化和折叠形成染色质，这种复杂的结构直接影响着基因的表达。实验证明，在结构比较松散的常染色质上，DNA 能够进行转录，而在高度凝缩的异染色质上，DNA 很少出现转录。

5. 与线粒体调控相互协调

真核生物的遗传信息不仅存在于细胞核 DNA，还存在于线粒体 DNA。不同细胞部位基因的表达调控既保持各自独立，又互相协调。

6. 以正性调节为主

真核生物 RNA 聚合酶对启动子的亲和力很低。启动转录时，需要多种激活蛋白参与。多数真核基因在没有调控蛋白作用时不转录，表达时需要激活蛋白促进转录，因此真核基因表达是以激活蛋白介导的正性调节为主导。正性调节方式中多种激活蛋白与 DNA 特异的相互作用，可有效提高基因表达的特异性和准确性。此外，正性调控避免合成大量阻遏蛋白，是更经济有效的调控方式。

4.4.2　染色质结构对表达调控的影响

1. 染色质的转录活化

真核生物基因组 DNA 以核小体为单位，经超螺旋化和压缩后形成染色质或染色体。染色质是真核细胞在细胞周期的间期遗传物质的存在形式。染色质中转录活性高的区域，称为常染色质或活性染色质；转录活性低的区域，称为异染色质。当基因转录激活时，可观察到常染色质发生一系列结构和性质变化。具体表现为：核小体解体、DNA 解旋，DNA 序列上常出现一些对核酸酶（如 DNase Ⅰ）高度敏感的位点，称为超敏位点（hypersensitive site）。超敏位点通常位于被活化基因的 5' 侧翼区 1000bp 范围内，有些位于更远的 5' 侧翼区或 3' 侧翼区。这些区域一般不存在核小体结构，有利于转录激活时 DNA 解链和转录因子结合，促进转录。

2. 组蛋白对基因表达的影响

在真核细胞中，核小体是染色质的基本结构单位。当组蛋白与 DNA 结合成核小体时，组蛋白的阻碍作用抑制基因表达；当组蛋白与 DNA 解离时，组蛋白阻碍作用解除而利于基因表达。

核小体核心每个组蛋白的 N 端都会伸出核小体外，形成组蛋白尾巴，即组蛋白修饰位点。组蛋白修饰包括乙酰化、甲基化、磷酸化等。当组蛋白发生乙酰化和磷酸化时，组蛋白分子中的正电荷被中和，降低了组蛋白与 DNA 的亲和力，有利于转录因子与 DNA 结合，促进基因表达。当组蛋白发生甲基化时，根据甲基化部位不同，有时促进基因表达，有时抑制基因表达。

3. DNA 甲基化对基因表达的影响

DNA 甲基化是真核生物在染色质水平上调控基因转录的重要方式。真核生物 DNA 甲基化主要发生在胞嘧啶的第 5 位碳原子上，以 CpG 二核苷酸序列的胞嘧啶甲基化形式最为常见。在 DNA 分子中 CpG 二核苷酸序列常成串出现，这些特殊序列称为 CpG 岛（CpG island）。CpG 岛主要位于基因的启动子和第一外显子区域。CpG 岛甲基化可抑制相关基因的表达。目前已发现在转录活跃区域，CpG 岛甲基化程度很低，如管家基因富含 CpG 岛，但胞嘧啶甲基化水平很低；而不表达的基因则 CpG 岛高度甲基化。

细胞内存在的维持甲基化作用的 DNA 甲基转移酶（DNA methyltransferase，DNMT），可以在 DNA 复制后，由腺苷甲硫氨酸提供甲基，依照亲本 DNA 链甲基化位置催化子链 DNA 在相同位置上发生甲基化。这种 DNA 序列不发生改变，但是 DNA 修饰导致基因表达发生可遗传改变的现象，称为表观遗传（epigenetic inheritance）。DNA 甲基化、组蛋白的修饰以及非编码 DNA 的调控等都属于表观遗传对基因表达的调控。

临床上常见的一些疾病的发病机制与 DNA 甲基化有关，如骨髓增生异常综合征（MDS）。此病是一组异质性起源于造血干细胞的恶性克隆性疾病，以病态造血、高风险向白血病转化为特征，临床主要表现为难治性一系或多系血细胞减少。近年来，在越来越多的 MDS 患者中发现 DNA 的高甲基化。研究发现，DNA 中启动子 CpG 岛异常甲基化后，可以使一些重要的抑癌基因缄默，从而诱导肿瘤发生。临床上用地西他滨治疗骨髓增生异常综合征。地西他滨（5- 氮杂 -2'- 脱氧胞苷）是一种 DNA 甲基转移酶抑制剂，最早发现于 1964 年。2006 年 5 月，美国 FDA 批准地西他滨作为第一个用于治疗 MDS 表观遗传学的去甲基化药物。2009 年 8 月，该药在我国免临床试验上市。相关研究表明，地西他滨主要作用于细胞周期的 S 期，高剂量的地西他滨可抑制 DNA 复制，有细胞毒性作用；而低剂量的地西他滨可替代肿瘤内的胞嘧啶，使 DNA 甲基转移酶失活，有去甲基化作用，使抑癌基因重新表达，从而发挥抗肿瘤作用。

4.4.3　真核基因表达的转录起始调控

真核生物基因表达调控涉及的环节很多，转录起始调控是最重要的环节。但真核生物的基因转录起始过程比原核生物复杂得多，需要顺式作用元件和反式作用因子相互作用、共同参与。

4.4.3.1　顺式作用元件

顺式作用元件是指位于结构基因两侧，能与特异的转录因子结合，可影响转录的 DNA 序列，主要包括启动子（promoter）、增强子（enhancer）、沉默子（silencer）和应答元件（response element）等。

1. *启动子*

真核基因启动子与原核生物操纵子的启动序列同义，指 RNA 聚合酶结合位点及周围的若干转录控制组件。这些组件包括 TATA 框、GC 框和 CAAT 框等，每一组件的长度为 7bp~20bp。最具典型意义的 TATA 框，通常位于转录起始点上游 -25bp~-30bp，其共有序列为 TATAAAA，作用是控制转录起始的准确性及频率。GC 框（GGGCGG）和 CAAT 框（GCCAAT）通常位于转录起始点上游 -30bp~-110bp 区域。启动子包括至少一个转录起始点及一个以上的功能组件。典型的启动子由 TATA 框、CAAT 框和（或）GC 框及一个转录起始点组成，具有较高的转录活性。此外，许多启动子不含 TATA 框，这类启动子分为两类：一类是最初在管家基因中发现的富含 GC 的，通常含几个分离的转录起始点的启动子；另一类是既不含 TATA 框也不含 GC 富含区的，有一个或多个转录起始点，大多数转录活性很低或根本无转录活性的启动子，在释胎发育、组织分化或再生过程中受调节。

2. *增强子*

增强子指能够增强基因转录效率的特异 DNA 序列。其长度为 100bp~200bp，由若干个功能组件构成，这些功能组件是转录因子结合 DNA 的核心序列。每个核心组件为 8bp~12bp，以单拷贝或多拷贝串联形式存在。增强子有以下特征：①增强子通过启动子提高同一条 DNA 链上基因的转录效率，可位于基因上游、下游或基因内含子之中。其发挥作用的方式与距离、方向无关，增强距离达 1kb~4kb 的上游或下游基因的转录活性，并且其增强作用与其序列正、反方向无关；②增强子通常具有细胞或组织特异性，只有与这些细胞或组织中存在的特异蛋白质因子结合时才能发挥作用；③增强子和启动子经常交错覆盖。从功能上讲，没有增强子存在，启动子通常不表现活性；而没有启动子时，增强子也无法发挥作用。但增强子对启动子没有严格的选择性，不同类型启动子可由同一增强子促进转录。

3. *沉默子*

沉默子是负性调控的 DNA 序列。当其与特异蛋白质因子结合时，附近的启动子便失去活性，阻遏基因转录。沉默子作用不受序列方向和距离限制，并可对异源基因的表达发挥作用。

4. 应答元件

应答元件是位于基因上游，能被特异性转录因子识别和结合，从而调控基因专一性表达的 DNA 序列。应答元件含有短重复序列，不同基因中应答元件的拷贝数相近。常见应答元件如热激应答元件（heat shock response element，HSE）、糖皮质激素应答元件（glucocorticoid response element，GRE）、金属应答元件（metal response element，MRE）和血清应答元件（serum response element， SRE）等。

4.4.3.2 反式作用因子

反式作用因子是一类能直接或间接识别结合特异的顺式作用元件，进而调控基因转录的蛋白质因子，又称为反式作用蛋白、转录调节因子或转录因子（transcription factors，TF）。反式作用因子和顺式作用元件的相互作用是真核生物转录调控的基本方式。根据功能特性，转录因子分为通用转录因子（general transcription factor）和特异转录因子（special transcription factor）两类。

1. 通用转录因子

通用转录因子是 RNA 聚合酶结合启动子以及组装转录起始复合物所必需的一组蛋白质，又称为基本转录因子（basic transcription factor）。真核生物中不同的 RNA 聚合酶需要不同的基本转录因子配合完成转录。如 RNA 聚合酶 Ⅱ 的基本转录因子包括 TF Ⅱ D、TF Ⅱ A、TF Ⅱ B、TF Ⅱ E 及 TF Ⅱ F 等，这些基本转录因子是 RNA 聚合酶 Ⅱ 识别 TATA 框和转录起始所必需的。

2. 特异转录因子

特异转录因子是转录个别基因所必需的，它决定着表达的时间特异性和空间特异性，故称为特异转录因子。根据其不同作用，分为转录激活因子（transcription activators）和转录抑制因子（transcription inhibitors）。转录激活因子起转录激活作用，通常是一些增强子结合蛋白（enhancer binding protein，EBP）；转录抑制因子起转录抑制作用，多数是沉默子结合蛋白（silencer binding protein）。有些转录因子不通过 DNA- 蛋白质相互作用，而是通过蛋白质 – 蛋白质相互作用改变转录激活因子、转录抑制因子构象或细胞内的浓度来调控基因转录，依据效应不同，转录因子可分为共激活因子和共阻遏因子。

3. 转录因子的结构特点

转录因子通常包括 DNA 结合域（DNA binding domain）和转录激活域（transcription activation domain）两个结构域。此外，许多转录因子还包含介导蛋白质 – 蛋白质作用的结构域，如二聚化结构域（dimerization domain）。

（1）DNA 结合域

通常由 60~100 个氨基酸残基组成，可识别结合特异的顺式作用元件，常见的有以下几种。

1）螺旋 – 转角 – 螺旋（helix-turn-helix， HTH）。这类结构一般有两个 α 螺旋，其间由短肽段形成的转角连接，其中一个螺旋识别并结合 DNA 的大沟，称为识别螺旋，另一个螺旋是帮助识别螺旋定位。研究发现，在许多转录调控蛋白中有与 HTH 相似的结构，称为同源结构域。该结构域包括含 3 个 α 螺旋和一个氨基酸臂。其中螺旋 2 和螺旋 3 构成 HTH ，螺旋 3 结合于 DNA 大沟，氨基酸臂伸入到 DNA 小沟。

2）锌指（zinc finger）包括 C2H2 和 C4（C：Cys、H：His）两种形式。由大约 30 个氨基酸残基组成，可以折叠成手指状二级结构，其中两个 Cys 残基和两个 His 残基或 4 个 Cys 残基在空间结构中分别位于正四面体的四个顶点，与四面体中心的 Zn^{2+} 以配位键结合，故名锌指。转录因子中常有多个重复的锌指，每个锌指均可通过插入 DNA 双螺旋的大沟与之结合。

3）亮氨酸拉链（leucine zipper）。这种结构由大约 35 个氨基酸形成 α 螺旋，其中亮氨酸残基总是每隔 6 个氨基酸出现一次，形成的 α 螺旋中一侧全是亮氨酸残基。两个含有这种 α 螺旋的蛋白质分子可以通过亮氨酸残基的相互作用而形成二聚体结构，即亮氨酸拉链。在 α 螺旋区的 N 端为碱性氨基酸区域，二聚体的形成使碱性氨基酸区域互相靠拢，可与 DNA 的大沟结合。因此，亮氨酸拉链又称为碱性亮氨酸拉链（basic domain leucine zipper，bZIP）。

4）螺旋 – 环 – 螺旋（helix-loop-helix，HLH）。该结构由 40~50 个保守的氨基酸残基形成两个 α 螺旋，螺旋间由长短不一的环连接。通过 α 螺旋 C 端疏水侧链的相互作用形成二聚体，α 螺旋 N 端富含碱性氨基酸，可以与 DNA 的大沟结合。

（2）转录激活域

由 30 ~ 100 个氨基酸残基组成，根据氨基酸残基的组成分为酸性激活域（acidic activation domain）、谷氨酰胺富含结构域（glutamine-rich domain）、脯氨酸富含结构域（proline-rich domain）。

（3）二聚化结构域

很多转录因子通过二聚化结构域形成二聚体而发挥作用，这是转录因子调控基因转录的重要方式。

4.4.3.3　转录起始复合物对转录激活的影响

真核生物 RNA 聚合酶本身不能有效地启动转录，只有当转录因子与相应的顺式作用元结合后才能启动转录。如 RNA 聚合酶Ⅱ启动基因转录的过程为，首先由 TF Ⅱ D 中的 TBP（TATA 框结合蛋白）识别启动子中 TATA 框并与之结合，进而 TF Ⅱ B 与 TBP 结合，接着 TF Ⅱ A、RNA 聚合酶Ⅱ、TF Ⅱ F 等加入，聚合形成一个不稳定的不能有效启动转录的转录前起始复合物（pre-initiation complex，PIC）。然后，不稳定的转录前起始复合物与结合了增强子的转录因子结合（EBP），形成稳定的转录起始复合物，启动转录。

真核基因转录激活调控复杂多样。不同的DNA元件组合可产生多种转录调节方式，多种转录因子又可结合相同或不同的DNA元件，与细胞内所发生的DNA-蛋白质、蛋白质-蛋白质相互作用，使真核基因转录激活调控表现为协同、竞争或拮抗等多种不同的方式。

4.4.4 真核基因表达的转录后调控

真核生物的初级转录物是不成熟的，绝大多数需要在细胞核内进行加工修饰，变为成熟的RNA才能参与蛋白质生物合成。如mRNA的初始转录物（hnRNA）需要进行加帽、加尾、剪接或剪切等；rRNA初始转录物需要进行切割和化学修饰；tRNA初始转录物需要进行酶切、加入CCA序列（即氨基酸臂）、碱基修饰等。这些过程都是基因表达调控必不可少的环节。

在所有类型的RNA分子中，mRNA寿命最短，在细胞内的半衰期一般为几分钟到几个小时。通过调节mRNA的稳定性，可使相应蛋白质合成量受到一定程度的控制。mRNA的稳定性除了与帽结构和poly（A）尾巴长度有关外，还与其自身序列有关。例如，铁转运蛋白受体（transferrin receptor，TfR）mRNA降解，与其自身重复序列——铁反应元件（iron response element，IRE）以及铁反应元件结合蛋白（IRE-binding protein，IRE-BP）有关。当细胞含有足够的铁时，IRE促使TfR mRNA降解；当细胞内铁含量不足，IRE-BP与IRE结合，使TfR mRNA的降解作用减弱

4.4.5 真核基因表达的翻译及翻译后的调控

真核生物翻译水平调控主要在翻译起始和翻译延长阶段，尤其是在翻译起始阶段，翻译后调控主要是通过对蛋白质进行化学修饰和调控细胞内蛋白质浓度而实现。

1. 对翻译起始因子活性的调节

翻译起始的快慢很大程度上决定蛋白质合成速率，通过磷酸化调节真核翻译，起始因子（elF）的活性对翻译起始具有重要的调控作用。elF-2主要参与Met-tRNAi合成Met-tRNA-elF-2-GTP三元复合物的形成，当elF-2被特异性蛋白激酶磷酸化后，其活性降低，抑制蛋白质合成。例如，血红素能抑制cAMP依赖性蛋白激酶的活化，减少elF-2失活，从而促进珠蛋白的合成。此外，干扰素抗病毒的机制之一就是诱导细胞内特异性蛋白激酶活化，使elF-2磷酸化而失活，抑制病毒蛋白质合成。

2. RNA结合蛋白参与翻译起始的调节

RNA结合蛋白（RNA binding protein，KBP）是指能够与RNA特异序列结合的蛋白质。RBP可以与mRNA 5'端或3'端的非翻译区结合，介导蛋白质翻译的负性调节。例如，铁蛋白与铁结合，是体内铁的贮存形式。当细胞质中铁离子浓度降低时，特异性抑制蛋白与铁蛋白mRNA 5'端的铁反应元件结合，铁蛋白的合成受到抑制；当细胞质中铁离子浓度升高时，特异性抑制蛋白从铁反应元件脱落，铁蛋白合成加速。

3. 对蛋白质活性和浓度的调节

蛋白质在合成后需要经过折叠、修饰等才能具有生物学活性。可逆的磷酸化、甲基化、乙酰化等修饰能快速调节蛋白质功能，是翻译后调控的有效方式。合成后的蛋白质经过翻译后加工，要靶向输送到细胞的特定部位，蛋白质通过水解和运送使特定部位的蛋白质保持在合适的浓度，是翻译后调控的又一快速有效方式。

4.4.6　非编码 RNA 在真核基因表达调控中的作用

与原核基因表达调控一样，某些小分子 RNA 也参与真核基因表达调控，这些 RNA 都是非编码 RNA（non-coding RNA，ncRNA）。

1. 微 RNA

微 RNA（microRNA， miRNA）是一类在进化过程中高度保守的参与基因表达调控的非编码单链 RNA，长度为 20nt~25nt。细胞内 RNA 聚合酶 Ⅱ 转录生成 pri-miRNA，pri-miRNA 先后由核糖核酸酶 Drosha 和 Dicer 切割后形成双链 miRNA，双链 miRNA 降解为成熟的中链 miRNA。成熟的单链 miRNA 与一些特异性蛋白质形成 RNA 诱导沉默复合体（RNA-induced silencing complex，RISC），RISC 中的单链 miRNA 可以和靶 mRNA 分子的 3' 端非翻译区域（3'UTR）特异序列互补结合，同时利用 RISC 本身的内切核酸酶活性，将 mRNA 切割，从而抑制翻译。

2. 干扰小 RNA

干扰小 RNA（small interfering RNA，siRNA）又称短干扰 RNA（short interfering RNA）或沉默 RNA（silencing RNA），是一类含有 21nt~25nt 的双链 RNA。siRNA 参与 RISC 组成，之后与特异的靶 mRNA 互补结合，导致靶 mRNA 降解，发挥基因沉默作用。这种由 siRNA 介导的基因表达抑制作用称为 RNA 干扰（RNA interference，RNAi）。RNAi 是生物体普遍存在的，发生在转录后水平的基因表达调控机制。

3. 长链非编码 RNA

长链非编码 RNA（long noncoding RNA，lncRNA）是一类长度超过 200nt 的 RNA 分子，不参与蛋白质合成，在转录水平和转录后水平参与基因的表达调控。虽然 lncRNA 的种类、数量、功能都不明确，但越来越多的研究证实，lncRNA 广泛地参与细胞分化、个体发育等重要生命过程，其异常表达与肿瘤、阿尔茨海默病等多种人类重大疾病的发生密切相关。因此，对 lncRNA 的研究成为当前分子生物学备受关注的前沿研究领域。

第 5 章　PCR 技术

5.1　PCR 定义

聚合酶链反应（Polymerase Chain Reaction，PCR）是体外扩增特异性 DNA 或 RNA 片段的基因扩增方法，由高温变性、低温退火（复性）及适温延伸等几步反应组成一个周期，循环进行，使目的 DNA 得以迅速扩增，具有特异性强、灵敏度高、操作简便、产率高、快速、重复性好、易自动化等特点。PCR 技术是生物医学领域中一项革命性创举和里程碑，发展迅速。不仅可以用于突变体和重组体的构建、基因的表达调控、基因多态性的分析，还可用于疾病的诊断、法医鉴定等诸多方面。

5.2　PCR 基本原理

DNA 的半保留复制是生物进化和传代的重要途径。双链 DNA 在多种酶的作用下可以变性解链成单链，在 DNA 聚合酶与引物的参与下，根据碱基互补配对原则复制成同样的两分子拷贝。在实验中发现，DNA 在高温时也可以发生变性解链，而当温度降低后又可以复性成为双链。因此，通过温度变化控制 DNA 的变性和复性，并设计引物，加入 DNA 聚合酶、dNTP 就可以完成特定基因的体外复制。但是，DNA 聚合酶在高温时会失活，因此，每次循环都得加入新的 DNA 聚合酶，不仅操作烦琐，而且价格昂贵，制约了 PCR 技术的应用和发展。

发现耐热 DNA 聚合酶——*Taq* 酶对于 PCR 的应用有里程碑的意义，该酶可以耐受 90℃以上的高温而不失活，不需要每个循环加酶，使 PCR 技术变得非常简捷，同时也大大降低了成本，使 PCR 技术得以大量应用，并逐步应用于临床。

PCR 类似于 DNA 的天然复制过程，其特异性依赖于与靶序列两端互补的寡核苷酸引物。PCR 由变性、退火（复性）、延伸三个基本反应步骤构成。

①模板 DNA 的变性

模板 DNA 经加热至 94℃左右并持续一定时间后，使模板 DNA 双链或经 PCR 扩增形成的双链 DNA 解离，使之成为单链，以便它与引物结合，为下轮反应做准备。

②模板 DNA 与引物的退火（复性）

模板 DNA 经加热变性成单链后，温度降至 40~60℃，引物与模板 DNA 单链的互补序列配对结合。

③引物的延伸

DNA 模板－引物结合物在 *Taq* DNA 聚合酶的作用下，于 72℃左右，以 dNTP 为反应原料，靶序列为模板，按碱基互补配对原则与半保留复制原理，合成一条新的与模板 DNA 链互补的半保留复制链。

重复循环变性、退火、延伸三个过程，就可获得更多的“半保留复制链”，而且这种新链又可成为下次循环的模板。每完成一个循环需 2~4min，2~3h 就能将待扩增的基因扩增放大几百万倍。

5.3　实现 PCR 的基本条件

PCR 反应体系由反应缓冲液（10× 缓冲液）、脱氧核苷三磷酸底物（dNTP）、反应引物、耐热 DNA 聚合酶（*Taq* 酶）、靶序列（DNA 模板）等几部分组成。

5.3.1　模板

PCR 对模板（DNA 或 mRNA）的要求不高，单链或双链 DNA 均可作为 PCR 模板。闭环 DNA 模板的扩增效率略低于线性 DNA。虽然模板 DNA 的长短并不是 PCR 扩增的关键因素，但用限制性内切酶（此酶不切割其中的靶序列）对大于 10kb 的模板 DNA 先行消化后，扩增效果更好。用哺乳动物基因组 DNA 作模板时，每个 PCR 反应所加入的模板约为 1.0μg DNA；酵母、细菌与质粒 DNA 作为 PCR 模板时，每个反应中应含有模板量依次是 1×10^{-2}g、1×10^{-3}g 和 1×10^{-6}g。但任何混有蛋白酶、核酸酶、*Taq* DNA 聚合酶抑制剂以及结合 DNA 的蛋白，都将可能干扰 PCR 反应。

5.3.2　引物

引物是 PCR 扩增特异性和扩增效率的关键因素，PCR 产物的特异性取决于引物与模板 DNA 的互补程度，要保证 PCR 反应能准确、特异、有效地对模板进行扩增，通常设计引物要遵循以下几条原则。

（1）序列应位于高度保守区，与非扩增区无同源序列。

（2）引物长度以 15~40bp 为宜。

（3）碱基尽可能随机分布。

（4）引物内部避免形成二级结构。

（5）两引物间避免有互补序列。

（6）引物 3' 端为关键碱基，5' 端无严格限制。

5.3.3　脱氧核苷三磷酸

标准 PCR 反应体系中包含 4 种等物质的量浓度的脱氧核苷三磷酸（dNTP），即 dATP、dTTP、dCTP 和 dGTP。dNTP 的质量和浓度与 PCR 扩增效率有密切关系，在 *Taq* DNA 聚合酶反应液中包含 1.5mmol/L $MgCl_2$ 的条件下，每种 dNTP 的浓度一般在 200～250μmol/L。

dNTP 粉呈颗粒状，如保存不当易变性失去生物学活性。dNTP 溶液呈酸性，使用时应配成高浓度后，以 1mol/LNaOH 或 1mol/LTris-HCl 的缓冲液将其 pH 调节到 7.0~7.5，小量分装，–20℃冰冻保存，多次冻融会使 dNTP 降解。

5.3.4　逆转录酶

逆转录酶是特明（Temin）等在 20 世纪 70 年代初研究致癌 RNA 病毒时发现的，该酶以 RNA 为模板，根据碱基配对原则，按照 RNA 的核苷酸顺序合成 DNA（其中 U 与 A 配对）。这一途径与一般遗传信息传递流的方向相反，故称反转录或逆转录。

逆转录现在已成为一项重要的分子生物学技术，广泛用于基因的克隆和表达。从逆转录病毒中提取的逆转录酶已商品化，最常用的有 AMV（鸟类成骨髓细胞白血清病毒）逆转录酶。利用真核 mRNA 3' 末端存在的一段聚腺苷酸尾，可以合成一段寡聚胸苷酸作引物，在逆转录酶催化下合成互补于 mRNA 的 cDNA 链，然后再用 RNase H 将 mRNA 消化掉，再加入大肠杆菌的 DNA 聚合酶Ⅰ催化合成另一条 DNA 链，即完成了从 mRNA 到双链 DNA 的逆转录过程。

5.3.5　*Taq* DNA 聚合酶

目前有两种 *Taq* DNA 聚合酶供应，一种是从栖热水生杆菌中提纯的天然酶，另一种为大肠杆菌合成的基因工程酶。催化一典型的 PCR 反应约需酶量 2.5U（指总反应体积为 100μL 时），酶浓度过高可引起非特异性扩增，浓度过低则合成产物量减少。不同的公司或不同批次的产品有很大的差异，由于酶的浓度对 PCR 反应影响极大，因此应做预实验或使用厂家推荐的浓度。

5.3.6　辅基（反应缓冲液）

标准 PCR 缓冲液中含 10mmol/L Tris-HCl、50mmol/L KCl、1.5mmol/L $MgCl_2$。

1. 维持 pH 值的缓冲液

用 Tris-HCl 在室温将 PCR 缓冲液的 pH 值调至 8.3～8.8 之间。在 72℃温育时（即通常 PCR 延伸阶段的温度），反应体系的 pH 值将下降 1 个多单位，致使缓冲液的 pH 值接近 7.2。

2. 二价阳离子

Mg^{2+} 浓度对 PCR 扩增的特异性和产量有显著影响。在各种单核苷酸浓度为 200μmol/L 时，Mg^{2+} 浓度为 1.5～2.0mmol/L 为宜。Mg^{2+} 浓度过高，反应特异性降低，出现非特异性扩增；Mg^{2+} 浓度过低，会降低 *Taq* DNA 聚合酶的活性，使反应产物减少。若样品中含 EDTA 或其他螯合物，可适当增加 Mg^{2+} 的浓度。在高浓度 DNA 及 dNTP 条件下也必须相应调节 Mg^{2+} 的浓度。

3. 一价阳离子

标准 PCR 缓冲液内包含有 50mmol/L 的 KCl，其对于扩增大于 500bp 长度的 DNA 片段是有益的，提高 KCl 浓度在 70～100mmol/L 范围内，则对改善扩增较短的 DNA 片段产物是有利的。

5.3.7　PCR 的通用操作程序

标准的 PCR 过程一般由三个阶段组成：模板的热变性，寡核苷酸引物复性到单链靶序列上，由热稳定 DNA 聚合酶催化的复性引物引导新生 DNA 链延伸聚合。

1. 变性

双链 DNA 模板在热作用下，氢键断裂，形成单链 DNA。在选择的变性温度条件下，DNA 分子越长，两条链完全分开所需的时间也越长。如果变性温度过低或时间太短，模板 DNA 中往往只有富含 A-T 的区域被变性。如果在后续的 PCR 循环过程中降低变性温度，模板 DNA 将会重新复性恢复其天然结构。在应用 *Taq* DNA 聚合酶进行 PCR 反应时，变性一般在 94～95℃条件下进行，这是因为 *Taq* DNA 聚合酶在此温度时，循环 30 个或 30 个以上时，酶活力不致受到过多损失。在 PCR 的第一个循环中，通常把变性时间计为 5min，以便增加大分子模板 DNA 彻底变性的概率。而根据实际经验，线性 DNA 分子延长变性时间没有必要这么长，并且在某些时候是有害的。对于 G+C 含量在 55% 以下的线性 DNA 模板，推荐常规 PCR 的变性条件是于 94～95℃变性 45s。

2. 引物和模板 DNA 的复性

系统温度降低，引物与 DNA 模板结合，形成局部双链。复性过程（即退火）采用的温度至关重要。如复性温度太高，寡核苷酸引物不能与模板很好地复性，扩增效率将会非常低。如果复性温度太低，引物将产生非特异性复性，从而导致非特异性的 DNA 片段扩增。

引物的复性温度可通过以下公式来选择合适的温度：

T_m（解链温度）=4（G+C）+2（A+T）；

复性温度 =T_m-（5~10℃）。

在 T_m 值允许范围内，选择较高的复性温度可大大减少引物和模板间的非特异性结合，提高 PCR 反应的特异性。复性时间一般为 30~60s，足以使引物与模板之间全部结合。

3. 核苷酸引物的延伸

在最初的两个循环中，从一条引物开始的 DNA 链延伸往往要超越与另一条引物互补的序列，在接下来的一个循环里，将产生第一个与两条引物之间的长度相同的 DNA 分子。从 H 个循环开始，与两条引物之间的长度相等的 DNA 片段将以几何级数方式被扩增与累积，然而较长的扩增产物将以算术级数增长，在最适反应温度（72~78℃）下，*Taq* DNA 聚合酶的聚合速率约为 2000bp/min。一般情况下，靶基因的每 1000bp 的扩增产物的延伸时间设计为 1min，以此类推，对于 PCR 的最后一个循环，经常把延伸时间增加为以前循环的延伸时间的 3 倍以上。PCR 延伸反应的时间，可根据待扩增片段的长度而定，一般 1kb 以内的 DNA 片段，延伸时间 1min 已足够；3~4kb 的靶序列需 3~4min；扩增 10kb 需延伸至 15min。延伸时间过长会导致非特异性条带的出现。对低浓度模板的扩增，延伸时间要稍长些。

4. 循环次数

循环次数决定 PCR 的扩增程度。PCR 循环次数取决于模板 DNA 的浓度以及引物延伸和扩增效率。一般的循环次数选在 30~40 次之间，非特异性条带随循环次数的增多而增多。

5.3.8 PCR 反应的特异性

PCR 反应的特异性决定因素为，引物与模板 DNA 特异正确的结合，碱基配对原则，*Taq* DNA 聚合酶合成反应的忠实性以及靶基因的特异性与保守性。其中引物与模板的正确结合是关键。引物与模板的结合及引物链的延伸遵循碱基配对原则。*Taq* DNA 聚合酶合成反应的忠实性、耐高温性，使反应中模板与引物的结合（复性）可以在较高的温度下进行，结合的特异性大大增加，被扩增的靶基因片段也就能保持很高的准确率。再通过选择特异性和保守性高的靶基因区，其特异性程度就更高。

5.3.9 PCR 扩增产物的分析

PCR 产物是否为特异性扩增，其结果是否准确可靠，必须对其进行严格的分析与鉴定，才能得出正确的结论。对 PCR 产物的分析可依据研究对象和目的不同而采用不同的分析方法。

1. 凝胶电泳分析

凝胶电泳分析是 PCR 产物通过电泳、溴化乙啶（EB）或核酸染料染色，于紫外仪下观察，初步判断产物的特异性。PCR 产物片段的大小应与预计的一致，特别是多重 PCR，应用多对引物，其产物片段都应符合预计的大小。

琼脂糖凝胶电泳：通常应用 1%~2% 的琼脂糖凝胶检测。

聚丙烯酰胺凝胶电泳：6%~10% 聚丙烯酰胺凝胶电泳分离效果比琼脂糖好，条带比较集中，用于科研及检测分析。

2. 酶切分析

酶切分析是根据 PCR 产物中限制性内切酶的位点，用相应的酶切、电泳分离后，来获得符合理论的片段。此法既能进行产物的鉴定，又能对靶基因分型，还能进行变异性研究。

3. 分子杂交

分子杂交是检测 PCR 产物特异性的有力证据，也是检测 PCR 产物碱基突变的有效方法。

4. Southern 印迹杂交

Southern 印迹杂交是在两引物之间另合成一条寡核苷酸链（内部寡核苷酸），标记后做探针，与 PCR 产物杂交。此法既可做特异性鉴定，又可以提高检测 PCR 产物的灵敏度，还可知其分子量及条带形状，主要用于科研。

5. 斑点杂交

斑点杂交是将 PCR 产物点在硝酸纤维素膜或尼龙薄膜上，再用内部寡核苷酸探针杂交，观察有无着色斑点。主要用于 PCR 产物特异性鉴定及变异分析。

6. PCR-ELISA 法

PCR-ELISA（酶联免疫吸附测定法 / 免疫检测）法，即通过标记的信号（如生物素，放射性核素，化学发光、荧光物质等）进行检测。

7. PCR-HPLC 法

PCR-HPLC（高压液相色谱）法是将 PCR 产物通过 HPLC 仪自动分析，7~8min 即可显示结果，HPLC 检测的敏感度是 0.3ng。

8. 核酸序列分析

核酸序列分析是检测 PCR 产物特异性最可靠的方法，但操作烦琐，仅适用于临床。此法可准确地发现病原体的变异现象及不同株的分子流行病学，在研究工作中有实用意义。

5.3.10　PCR 注意事项

① PCR 反应应在一个没有 DNA 污染的干净环境中进行。最好设立一个专用的 PCR 实验室。

②纯化模板所选用的方法有污染的风险。一般而言，只要能够得到可靠的结果，纯化的方法越简单越好。

③所有试剂都应该没有受到核酸和核酸酶的污染，操作过程中均应戴手套。

④ PCR 试剂配制应使用最高质量的新鲜双蒸水，采用 0.22μm 滤膜过滤除菌或高压灭菌。

⑤试剂应该以大体积配制，做预实验并检查结果，然后分装成仅够一次使用的量储存，确保实验与实验之间的连续性。

⑥试剂或样品准备过程中要使用一次性灭菌的塑料瓶和管子，玻璃器皿应洗涤干净并高压灭菌。

⑦ PCR 的样品应在冰浴上化开，并且充分混匀。

5.4　PCR 技术的扩展

5.4.1　逆转录 PCR

逆转录 PCR（reverse transcription PCR，RT-PCR），该技术为快速、准确检测 mRNA 提供了新的途径。其基本原理是以总 RNA 或 mRNA 为模板，逆转录合成 cDNA 的第一条链，以这条链为模板，在一对特异引物存在下进行常规 PCR。

RT-PCR 用于检测 RNA 病毒、病毒的 mRNA，分析基因的转录产物，克隆 cDNA 及合成 cDNA 探针，改造 DNA 序列，构建 RNA 高效转录系统。可以用此技术检测标本中丙型肝炎、肠道病毒、轮状病毒等。

RT-PCR 对制品的要求极为严格，作为模板 RNA 分子必须完整，并且不含 DNA、蛋白质和其他杂物。RNA 制品中即使含极微量的 DNA，经扩增后也会出现非特异性的 DNA 扩增产物。蛋白质和 DNA 结合后会影响逆转录和 PCR 的进行。残存的 RNA 酶也极易将模板 RNA 降解。

5.4.2　定量 PCR

定量 PCR，即依据 PCR 扩增后的 DNA 产物来推导原始标本中目的 DNA 或 RNA 含量。定量 PCR 技术有广义和狭义之分，广义的定量 PCR 技术是指以外参或内参为标准，通过对 PCR 终产物的分析或 PCR 过程的监测，进行 PCR 起始模板量的定量。狭义的定量 PCR 技术是指用外标法（荧光杂交探针保证特异性）通过监测 PCR 过程（监测扩增效率）达到精确定量起始模板数的目的，同时以内对照有效排除假阴性结果（扩增效率为零）。能对目的基因进行绝对定量且具有较高准确性的方法为内参 PCR。该技术是设计一个与目的基因序列类似，且与目的基因具有相同的引物结合位点的内参物，与目的基因在同一管中进行扩增，消除标本中潜在的抑制因子及试管效应对扩增反应的影响，使两者具有相同的扩增效率。灵敏度和准确度均较高。

常用方法有：测定特异 mRNA 的内参物定量 PCR、mRNA 测定竞争性定量 PCR、酶标记的定量 PCR、荧光素标记的定量 PCR 等多种方法。

5.4.3　实时荧光定量 PCR

实时荧光定量 PCR 技术是一种在 PCR 反应体系中加入荧光基团，利用荧光信号积累实时监测整个 PCR 进程，最后通过标准曲线对未知模板进行定量分析的方法。通过荧光染料或荧光标记的特异性探针，对 PCR 产物进行标记跟踪，实时在线监控反应过程，结合相应的软件可以对产物进行分析，计算待测样品模板的初始浓度。该技术不仅实现了对 DNA 模板的定量，而且具有灵敏度高、特异性和可靠性更强、能实现多重反应、自动化程度高、无污染性、具实时性和准确性等特点。目前已广泛应用于分子生物学研究和医学研究等领域。

该技术是 PCR 扩增时在加入一对引物的同时加入一个特异性的荧光探针，该探针为一寡核苷酸，两端分别标记一个报告荧光基团和一个猝灭荧光基团。探针完整时，报告基团发射的荧光信号被淬灭基团吸收。实时荧光定量 PCR 常用的检测模式有 TaqMan 探针和 SYBR Green Ⅰ两种检测模式。

TaqMan 探针方法的作用原理是，利用 *Taq* 酶的 5' 核酸外切酶活性，在 PCR 过程中，反应体系加入一个荧光标记探针，两端分别标记一个报告荧光基团和一个猝灭荧光基团。在 PCR 的退火期，探针与引物所包含序列内的 DNA 模板发生特异性杂交，延伸期引物在酶作用下延伸 DNA 模板，当到达探针处，*Taq* 酶发挥 5'→3' 核酸外切酶活性，继而发生置换。切断探针后，报告荧光基团远离猝灭荧光基团，这时荧光探测系统便会检测到光密度有所增加。即每扩增一条 DNA 链，就有一个荧光分子形成，实现了荧光信号的累积与 PCR 产物形成完全同步。

SYBR Green Ⅰ荧光染料方法的原理是，SYBR Green Ⅰ是一种与 DNA 小沟结合的染料，当它与 DNA 双链结合时，荧光大大加强；从 DNA 双链释放出时，荧光信号急剧减弱。在 PCR 反应体系中，加入过量的 SYBR Green Ⅰ荧光染料，其中特异性地掺入 DNA 双链后，发射出强荧光信号；而不掺入 DNA 双链中的荧光染料仅有微弱信号，由此保证了荧光信号的增强与 PCR 扩增产物的增加同步。

实时荧光定量 PCR 技术秉承及发展了普通 PCR 的快速、高灵敏度检出等优点，同时克服了普通 PCR 不能准确定量、容易污染等缺点，无需在反应结束后再通过电泳操作确认扩增产物。运用该技术，可以对 DNA、RNA 样品进行定量和定性分析。并可设计多对引物在同一反应体系中同时对多个靶基因进行扩增，实现多重实时定量检测。实时荧光定量 PCR 技术发生了质的飞跃，扩展了 PCR 技术的应用范畴，是一种具有划时代意义的技术。

5.4.4 锚定 PCR

锚定 PCR（Anchored PCR，A-PCR）用于扩增已知一端序列的目的 DNA。在未知序列一端加上一段多聚 dG 的尾巴，然后分别用多聚 dC 和已知的序列作为引物进行 PCR 扩增。锚定 PCR 帮助克服序列未知或序列未全知带来的障碍。在未知序列末端添加同聚物尾序，将互补的引物连接于一段带限制性内切酶位点的锚上，在锚引物和基另一侧特异性引物的作用下，将未知序列扩增出来。该技术主要用于分析具有可变末端的 DNA 序列，可用于 T 细胞、肿瘤及其他部位抗体基因的研究。

5.4.5 差异显示 PCR

差异显示 PCR 技术是在基因转录水平上研究差异表达和性状差异的有效方法之一，该方法在生物的发育、性状和对各种生物、理化因子作用时应答过程基因表达的研究中应用十分广泛。该技术依赖于一套锚定反义引物与一套随机正义引物。最常见的锚定引物是由 mRNA 的 3' 端 polyA 尾及 5' 端 polyG 尾的两个核苷酸互补的约 12 个核苷酸组成的引物，随机引物是 8~10 个碱基（10mer）引物，将二者加入反应混合液，用常规的 PCR 技术进行双链 cDNA 产物扩增，对 PCR 产物进行凝胶电泳，随后进行荧光染色或硝酸银染色或放射自显影，通过比较找出差异表达的 cDNA 条带。从凝胶上切割下这些差异性条带，用相同的引物和条件进行 PCR 再扩增，克隆所得 PCR 产物进行核苷酸序列分析，将分析结果与基因序列数据库中的序列作同源比较，就可知分离的是已知基因序列，还是未知基因序列，同时分析结果可以用作探针从 cDNA 文库或基因组 DNA 文库中筛选到全长的 cDNA 序列或基因组克隆。

第 6 章　基因重组和基因工程

6.1　DNA 重组

DNA 重组（recombination）是指发生在 DNA 分子内或 DNA 分子之间核苷酸序列的交换、重排（rearrangement）和转移现象，是已有遗传物质的重新组合过程。主要有同源重组、位点特异性重组和转座重组三种形式。生物体通过重组，既可以产生新的基因或等位基因的组合，也可能创造出新的基因，提高种群内遗传物质的多样性。此外，重组还被用于 DNA 损伤的修复，而同时某些病毒利用重组将自身的 DNA 整合到宿主细胞的 DNA 上。另外，基因工程技术中还经常使用同源重组进行遗传作图（genetic mapping）、基因敲除（gene knockout）。

6.1.1　DNA 同源重组

同源重组（homologous recombination）发生在同源 DNA 片段之间，是在两个 DNA 分子的同源序列之间直接进行交换的一种重组形式。不同来源或不同位点的 DNA，只要二者之间存在同源区段，均可进行同源重组。因为其广泛存在，也称其为一般性重组（general recombination）。

同源重组不依赖于序列的特异性，只依赖于序列的同源性。进行交换的同源序列可能是完全相同的，也可能是非常相近的。细菌的接合（conjugation）、转化（transformation）和转导（transduction）以及真核细胞在同源染色体之间发生的交换等都属于同源重组。

同源重组的发生必须满足以下几个条件：

（1）在进行重组的交换区域含有完全相同或几乎相同的核苷酸序列。

（2）两个双链 DNA 分子之间需要相互靠近，并发生互补配对。

（3）需要特定的重组酶（recombinase）的催化，但重组酶对碱基序列无特异性。

（4）形成异源双链（heteroduplex）。

（5）发生联会（synapsis）。

用来解释同源重组分子机制的主要模型有 Holliday 模型、单链断裂模型（the single-stranded break model）和双链断裂模型（the double-stranded break model）。

DNA 受到的双链断裂损伤，可通过同源重组来修复，在修复损伤的同时，进行基因重组。真核生物的细胞减数分裂时的同源重组，符合双链断裂模型。

6.1.2 位点特异性重组

位点特异性重组（site-specific recombination）是指发生在 DNA 特异性位点上的重组。参与重组的特异性位点需要专门的蛋白质识别和结合。虽然在许多情况下，它也需要在重组位点具有同源的碱基序列，但是，同源的碱基序列较短。与同源重组一样，位点特异性重组也有链交换、形成 Holliday 连接、分叉迁移和 Holliday 连接解离等过程，但链交换没有 RecA 或其类似物的参与，而且分叉迁移的距离较短。

位点特异性重组既可以发生在 2 个 DNA 分子之间，也可以发生在 1 个 DNA 分子内部。前一种情况通常会导致 2 个 DNA 分子之间发生整合或基因发生重复，而后一种情况则可能导致缺失（deletion）或倒位（inversion）。

缺失性位点特异性重组和倒位式位点特异性重组分别在 2 个重组位点上含有直接重复序列（direct repeat sequence）和反向重复序列（inverted repeat sequence，IR）。

位点特异性重组的功能包括：

（1）调节特定基因的表达。

（2）调节噬菌体 DNA 与宿主菌染色体 DNA 的整合。

（3）调节胚胎发育期间程序性的 DNA 重排（例如脊椎动物抗体和 T 细胞受体基因）。

位点特异性重组与同源重组的区别在于，一是在同源重组中 DNA 的切断是完全随机的，结果暴露出一些能与 RecA 这样的蛋白质相结合的序列，从而发动交叉重组。而位点特异性重组是在某些特异 DNA 序列（位点）处发生重组；二是同源重组后，在染色体内的 DNA 序列一般都仍按原来的次序排列。但是在位点特异性重组中，DNA 节段的相对位置发生了移动，即 DNA 序列发生重排，从而得到不同的结果。位点特异性重组的结果决定于重组位点的位置和方向。

6.1.3 转座重组

转座重组（transposition recombination）是指 DNA 上的核苷酸序列从一个位置转移到另外一个位置的现象。发生转位的 DNA 片段被称为转座子（transposon）或可移位的遗传元件（mobile genetic elements，MGE），有时还被称为跳跃基因（jump gene）。

转座子最初是芭芭拉·麦克林托克（Barbara Mclintock）于 20 世纪 50 年代在玉米的遗传学研究中发现的，当时称为控制元件（controlling element）。转座过程的主要特征有：①转座子能从染色体的一个位点转移到另一个位点，或者从一个染色体转移到另一个染色体。②转座子不能像噬菌体或质粒 DNA 那样独立存在。③转座子编码其自身的转座酶，每次移动时携带转座必需的基因一起在基因组内跃迁。④转座的频率很低，且插入是随机的，不依赖于转座子（供体）和靶位点（受体）之间的序列同源性。

与前两种重组不同的是，转座子的靶点与转座子之间不需要序列的同源性。接受转座子的靶位点绝大多数是随机的，但也可能具有一定的倾向性（如存在一致序列或热点），具体是哪一种和转座子本身的性质相关。

转座重组可造成突变。也可能改变基因组 DNA 的量。转座子的插入可改变附近基因的活性。若插入到一个基因的内部，很可能导致基因的失活；若插入到一个基因的上游，又可能导致基因被激活。转座事件可导致基因组内核苷酸序列发生转移、缺失、倒位或重复。此外，转座子本身还可能充当同源重组系统的底物，因为在 1 个基因组内，双拷贝的同一种转座子提供了同源重组所必需的同源序列。

对几种生物的基因组序列分析结果表明，人、小鼠和水稻的基因组大概有 40% 的序列由转座子衍生而来，但在低等的真核生物和细菌内的比例较小，约占 1%~5%。可见转座子在 从低等生物到高等生物的基因和基因组进化过程中曾扮演着重要角色。

6.1.4　细胞的接合、转化和转导

（1）接合作用（conjunction）指两个细胞相互接触并交换遗传物质的过程。*E.coli* 中有一种 F 质粒（又称 F 因子），含 F 质粒的细菌表面可生成性菌毛，F 质粒通过性菌毛转移到不含该质粒的细菌中。

（2）转化作用（transformation）指感受态的细菌接纳外源 DNA，从而获得新的遗传性状的过程。

（3）转导作用（transduction）指由病毒介导的细胞之间 DNA 传递的过程。具体指病毒感染宿主细胞（供体）并从供体中释放，再感染另一细胞（受体）时，可将供体中的遗传物质传递给受体。最常见的例子是噬菌体介导的细菌转导作用。

6.2　基因工程

以基因工程为核心的现代生物技术已应用到农业、医药、轻工、化工、环境等各个领域，它与微电子技术、新材料和新能源技术一起，并列为影响未来国计民生的四大科学技术支柱。而利用基因工程技术开发新型药物更是当前最活跃和发展最为迅猛的领域。1982 年美国 Lilly 公司首先将重组人胰岛素（商品名 Humulin）投放市场，标志着世界第一个基因工程药物的诞生。基因工程制药作为一个新兴行业得到各国政府的大力支持，各国都积极研究和开发各种基因工程药物，并取得了丰硕成果。

随着人类基因组逐渐被破译，人们的生活将发生巨大变化，这对医药行业也是巨大的冲击。基因工程药物已经走进人们的生活，利用基因治愈更多的疾病不再是奢望。随着人

们对自身的了解迈上新台阶，很多病因将被揭开，药物治疗方案就能“对因下药”，人类的生活起居、饮食习惯有可能根据基因进行调整，人类的整体健康状况将会提高，21世纪的医学基础将由此奠定。

6.2.1 基因工程技术原理

基因工程是生物技术的一个重要分支，它和细胞工程、酶工程、蛋白质工程和微生物工程共同构成了生物技术。所谓基因工程是在分子水平上对基因进行操作的复杂技术，是将外源基因通过体外重组后导入受体细胞内，使这个基因能在受体细胞内复制、转录、翻译表达的操作过程。它是用人为的方法将所需要的某一供体生物的遗传物质——DNA大分子提取出来，在离体条件下用适当的工具酶进行切割后，把它与作为载体的DNA分子连接起来，然后与载体一起导入某一更易生长、繁殖的受体细胞中，以让外源基因在其中进行正常的复制和表达，从而产生遗传物质及状态的转移和重新组合。因此外源DNA、载体分子、工具酶和受体细胞等是基因工程的主要组成要素。

6.2.2 工具酶

6.2.2.1 限制性核酸内切酶

可以识别DNA的特异序列，并在识别位点或其周围切割双链DNA的一类内切酶，简称限制酶。根据限制酶的结构、辅助因子的需求、切位与作用方式，可将限制酶分为三种类型，分别是第一型（type Ⅰ）、第二型（type Ⅱ）及第三型（type Ⅲ）。Ⅰ型限制性内切酶既能催化宿主DNA的甲基化，又催化非甲基化的DNA水解；Ⅱ型限制性内切酶只催化非甲基化的DNA水解；Ⅲ型限制性内切酶同时具有修饰及认知切割的作用。

第Ⅰ型限制酶：同时具有修饰及认知切割的作用；另有认知DNA上特定碱基序列的能力，通常其切割位距离认知位可达数千个碱基之远。

第Ⅱ型限制酶：只具有认知切割的作用。所认知的位置多为短的回文序列；所剪切的碱基序列通常即为所认知的序列，是遗传工程上实用性较高的限制酶种类。

第Ⅲ型限制酶：与第一型限制酶类似，同时具有修饰及认知切割的作用。可认知短的不对称序列，切割位与认知序列距24~26个碱基对。

限制性核酸内切酶的命名一般是以微生物署名的第一个字母和种名的前两个字母组成，第四个字母表本菌株（品系）。例如，从*Bacillus amylolique* H中提取的限制性核酸内切酶称为*Bam* H；在同一品系细菌中得到的识别不同碱基顺序的几种不同特异性的酶，可以编成不同的号，如*Hind* Ⅱ、*Hind* Ⅲ，*Hpa* Ⅰ、*Hpa* Ⅱ，*Mbo* Ⅰ、*Mbo* Ⅱ。

6.2.2.2　DNA 聚合酶

1. *Taq* DNA 聚合酶

该酶是 1969 年从美国黄石国家森林公园火山温泉中一种水生嗜热杆菌（*Thermus aquaticus*）YT-1 株中分离提取的，是发现的耐热 DNA 聚合酶中活性最高的一种。该酶基因全长有 2496 个碱基，编码 832 个氨基酸，酶蛋白分子质量为 94kDa，比活性为 200000U/mg。*Taq* DNA 聚合酶的热稳定性是该酶用于 PCR 反应的前提条件，也是 PCR 反应能迅速发展和广泛应用的原因。75～80℃时每个酶分子每秒可延伸约 150 个核苷酸，70℃每秒延伸率大于 60 个核苷酸，55℃时每秒延伸为 24 个核苷酸。温度过高（90℃以上）或过低（22℃）都可影响 *Taq* DNA 聚合酶的活性，该酶虽然在 90℃以上几乎无 DNA 合成，但却有良好的热稳定性，在 PCR 循环的高温条件下仍能保持较高的活性，在 92.5℃、95℃、97.5℃时，PCR 混合物中的 *Taq* DNA 聚合酶分别经 130min、40min 和 5～6min 后，仍可保持 50% 的活性。实验表明 PCR 反应时变性温度为 95℃ 20s，50 个循环后，*Taq* DNA 聚合酶仍有 65% 的活性。*Taq* DNA 聚合酶还具有逆转录活性，作用类似于逆转录酶，此活性温度一般为 65～68℃，有 Mn^{2+} 存在时，其逆转录活性将会更高。

Taq DNA 聚合酶是 Mg^{2+} 依赖性酶，该酶的催化活性对 Mg^{2+} 浓度非常敏感，由于 Mg^{2+} 能与 dNTP 结合而影响 PCR 反应液中游离的 Mg^{2+} 浓度，因而 $MgCl_2$ 的浓度在不同的反应体系中应适当调整并优化，一般反应中 Mg^{2+} 浓度至少应比 dNTP 总浓度高 0.5～1.0mmol/L。适当浓度的 KCl 能使 DNA 聚合酶的催化活性提高 50%～60%，其最适浓度为 50mmol/L，高于 75mmol/L 时明显抑制该酶的活性。

Taq DNA 聚合酶具有 5' → 3' 外切酶活性，但不具有 3' → 5' 外切酶活性，因而在 DNA 合成中对某些单核苷酸错配没有校正功能。

Taq DNA 聚合酶还具有非模板依赖活性，可将 PCR 产物双链中每一条链的 3' 端加入单核苷酸尾，故可使 PCR 产物具有 3' 突出的单 A 核苷酸尾。另外，在仅有 dTTP 存在时，它可将平端的质粒 3' 端加入单 T 核苷酸尾，产生端突出的单 T 核苷酸尾的质粒。应用这一特性可实现 PCR 产物的 T-A 克隆。

2. *Tth* DNA 聚合酶

从 *Thermus thermophilus* HB-8 中提取而得，该酶在高温和 $MnCl_2$ 条件下，能有效地逆转录 RNA。当加入 Mg^{2+} 后，该酶可从 5' → 3' 方向催化核苷酸聚合为 DNA，聚合活性大大增加，从而实现了 cDNA 合成与扩增的同步。

3. *Pfu* DNA 聚合酶

从嗜热的古核生物火球菌属 *Pyrococcus furiosis* 中精制而成，是一种高保真、耐高温的 DNA 聚合酶。与其他在 PCR 反应中使用的聚合酶相比，*Pfu* DNA 聚合酶有着出色的热稳定性，以及特有的“校正作用”，它不具有 5' → 3' 外切酶活性，但具有 3' → 5' 外切酶活性，因而可纠正 PCR 扩增过程中产生的错误，使产物的碱基错配率降低。*Pfu* DNA

聚合酶正逐渐取代 *Taq* 聚合酶，成为使用最广的 PCR 工具。但 *Pfu* DNA 聚合酶的聚合效率较低，一般来说，在 72℃扩增 1kb 的 DNA 时，每个循环需要 1～2min，而且使用 *Pfu* DNA 聚合酶进行 PCR 反应，会产生钝性末端的 PCR 产物，即无 3' 端突出的单 A 核苷酸。

6.2.2.3 DNA 连接酶

大肠杆菌 DNA 连接酶是一条分子质量为 75ku 的多肽链。对胰蛋白酶敏感，可被其水解，水解后形成的小片段仍具有部分活性，可以催化酶与 NAD（而不是 ATP）反应形成酶 -AMP 中间物，但不能继续将 AMP 转移到 DNA 上促进磷酸二酯键的形成。DNA 连接酶在大肠杆菌细胞中约有 300 个分子，和 DNA 聚合酶 I 的分子数相近，这也是比较合理的现象。因为 DNA 连接酶的主要功能就是在 DNA 聚合酶 I 催化聚合、填满双链 DNA 上的单链间隙后封闭 DNA 双链上的缺口。这在 DNA 复制、修复和重组中起着重要作用，连接酶有缺陷的突变株不能进行 DNA 复制、修复和重组。

噬菌体 T4 DNA 连接酶分子也是一条多肽链，分子质量为 60ku，其活性很容易被 0.2mol/L 的 KCl 和精胺所抑制。此酶的催化过程需要 ATP 辅助。T4 DNA 连接酶可连接 DNA-DNA、DNA-RNA、RNA-RNA 和双链 DNA 黏性末端或平头末端。此外，NH_4Cl 可以提高大肠杆菌 DNA 连接酶的催化速率，而对 T4 DNA 连接酶无效。无论是 T4 DNA 连接酶，还是大肠杆菌 DNA 连接酶都不能催化两条游离的 DNA 链相连接。

连接酶连接切口 DNA 的最佳反应温度是 37℃，但在这个温度下，黏性末端之间的氢键结合不稳定，因此连接黏性末端的最佳温度应是界于酶作用速率和末端结合速率之间，一般认为 4～15℃比较合适。平末端的连接可在较高的温度下进行，如 22℃。

6.2.3 目的基因的获得

基因工程的根本目标之一就是分离编码蛋白质的基因、分离所需的目的基因，基因工程流程的第一步就是获得目的 DNA 片段，如何获得目的 DNA 片段就成为基因工程的关键问题。所需目的基因的来源，不外乎是分离自然存在的基因或人工合成基因。常用的方法有 PCR 法、化学合成法、cDNA 法及建立基因文库法。

1. 人工合成（主要是序列已知的基因）

主要是通过 DNA 自动合成仪，通过固相亚磷酸酰胺法合成，具体过程可以自行查询资料，按照已知序列将核苷酸连接上去成为核苷酸序列。一般适于分子较小而不易获得的基因。对于大的基因一般是先用化学合成法合成引物，再利用引物获得目的基因。

2. 聚合酶链反应（目的基因的扩增）

聚合酶链反应是 20 世纪 80 年代中期发展起来的体外核酸扩增技术。它具有特异、敏感、产率高、快速、简便、重复性好、易自动化等突出优点。能在一个试管内将所要研究的目的基因或某一 DNA 片段于数小时内扩增至十万乃至百万倍，使肉眼能直接观察和判断。可从一根毛发、一滴血甚至一个细胞中扩增出足量的 DNA 供分析研究和检测鉴定。过去几天、几周才能做到的事情，用 PCR 几小时便可完成。

3. cDNA 文库法

cDNA 文库是由 mRNA 逆转录产物 cDNA 扩增后插入到载体内，形成重组 DNA 而构建的文库。cDNA 文库具有细胞、组织、发育特异性。由于 cDNA 是严格互补于模板 mRNA 的核苷酸序列，它只能反映基因转录及加工后 mRNA 产物所携带的信息，与特定的转录组直接相关，即 cDNA 序列只是与基因的编码有关，不能反映基因的内含子、启动子、终止子以及与核糖体识别 mRNA 相关的序列。不同 mRNA 来源的 cDNA 文库包含有不同类型和特性的蛋白质信息。要克隆某种目的基因，首先要考虑 mRNA 的来源。从特定组织、细胞分离相应的mRNA，并构建相应的cDNA文库，才能进一步筛选出该目的基因。基因组文库是比较稳定和恒定的，但是 cDNA 文库的组分反映出动态性，具有转录组的属性。甚至在不同的生理、病理及用药条件下，cDNA 文库的组分都会有所差别。所以构建 cDNA 文库时要求：①文库包含有全部 mRNA 的逆转录产物，特别关注所有低拷贝 mRNA 的 cDNA；②每个 mRNA 分子完整逆转录成 cDNA，也就是每个克隆内的 cDNA 能反映出一个 mRNA 分子的完整信息，能编码一个完整的蛋白质序列；③ cDNA 文库要明确注明 mRNA 来自何种细胞，何种生长发育状况，何种生理病理条件，否则文库意义不大；④与基因组文库需要大量不同载体，cDNA 的载体主要是质粒或 X 插入型载体。

与基因组文库相比，cDNA 便于克隆以及大量扩增，适于特定基因的分离，筛选到的目的基因可以直接用于表达。因此 cDNA 基因文库的构建往往是分子生物学研究和基因工程操作的出发点。虽然 cDNA 基因文库不能直接用于非转录区段序列的研究以及基因编码区外侧调控序列的结构与功能的研究，但以已知的 cDNA 片段作为探针和标签，在基因文库中可以进行基因定位和筛选，并且 cDNA 与基因组文库的比较成为真核生物基因结构、组织和表达的分析手段。

4. 基因组文库法

用限制性内切酶直接获取。利用 λ 噬菌体载体构建基因组文库的一般操作程序如下：①选用特定限制性内切酶，对 DNA 进行部分酶解，得到 DNA 限制性片段；②选用适当的限制性内切酶酶解 λ 噬菌体载体 DNA；③经适当处理，将基因组 DNA 限制性片段与 λ 噬菌体载体进行体外重组；④利用体外包装系统将重组体包装成完整的颗粒；⑤以重组噬菌体颗粒侵染大肠杆菌，形成大量噬菌斑，从而形成含有整个 DNA 的重组 DNA 群体，即文库。

6.2.4 载体与宿主

6.2.4.1 载体的种类和特性

外源DNA需要与某种工具重组，才能导入宿主细胞进行克隆、保存或表达。将外源DNA导入宿主细胞的工具称为载体。而大多数外源DNA片段很难进入受体细胞，不具备自我复制的能力，所以为了能够在宿主细胞中进行扩增，必须将DNA片段连接到一种特定的、具有自我复制能力的DNA分子上，这种DNA分子就是载体。按照载体的功能来分，基因工程中常用的载体有克隆载体和表达载体；按照载体的来源分，又分为质粒载体、噬菌体载体、柯斯质粒载体、人工染色体载体等。

载体通常具有以下特点：①能在宿主细胞中独立复制；②有选择性标记，易于识别和筛选；③可插入一段较大的外源DNA，而不影响其本身的复制；④有合适的限制酶位点，便于外源DNA插入。

6.2.4.2 克隆载体

克隆载体适用于克隆外源基因，便于外源基因在受体细胞中进行复制扩增，不考虑表达因素。

基因克隆载体是指能够将外源DNA片段带入受体细胞并进行稳定遗传的DNA或RNA分子。能用于基因克隆的载体，主要有5类，质粒、噬菌体的衍生物、柯斯质粒（Cosmid）、单链DNA噬菌体M13和动物病毒。常用的基因克隆载体有pBR322、pUC系列等。

各类载体的来源不同，在大小、结构、复制等方面的特性差别很大，但作为基因克隆载体，需具备以下特性：①在寄主细胞中能自我复制，即本身是复制子；②容易从寄主细胞中分离纯化；③载体分子中有一段不影响其扩增的非必需区域，插在其中的外源基因可以像载体的正常组分一样进行复制和扩增；④有多种限制性内切酶的单一酶切位点，便于目的基因的组装；⑤能赋予细胞特殊的遗传标记，便于对导入的重组体进行鉴定和检测。

1. pBR322质粒载体

pBR322是人工构建的较为理想的大肠杆菌质粒载体，为4.36kb的环状双链DNA。其碱基序列已经全部清楚，是最早应用于基因工程的载体之一。pBR322质粒载体具有分子量小、拷贝数高及两种抗生素抗性基因作为选择标记等优点。许多实用的质粒载体都是在pBR322的基础上改建而成的，可见其原型质粒在使用上有很多优点。

（1）F. Bolivar和R. L. Rogigerus人工构建的载体。

（2）长度为4361bp。

（3）选择标记包括两个：氨苄青霉素抗性基因amp^R（来自RSF2124）和四环素抗性基因tet^R（来自pSC101）。

（4）24 个克隆位点。

（5）属松弛型质粒，用于基因克隆。

2. pUC **载体**

pUC 载体是以 pBR322 质粒载体为基础，在其 5' 端加入带有多克隆位点的 *lacZ'* 基因，发展成为具有双功能检测特性的新型质粒载体系列。

一种典型的 pUC 质粒载体包括以下 4 个组成部分：①来自 pBR322 质粒的复制起点（ori）；②氨苄青霉素抗性基因（amp^R），但它的 DNA 序列已经发生了变化，不再含有原来限制性核酸内切酶的单识别位点；③大肠杆菌 β - 半乳糖苷酶基因的启动子及其编码 α - 肽链的 DNA 序列，此结构特称为 *lacZ'* 基因；④位于 *lacZ'* 基因 5' 端的一段多克隆位点区段，但它并不破坏该基因的功能。目前常用的 pUC 质粒载体有 pUC18 和 pUC19，与 pBR322 相比，pUC 质粒载体具有更小的分子量和更高的拷贝数，适用于组织化学法检测重组体，具有多克隆位点（multiple cloning sites，MCS）区段，这些优越性使 pUC 质粒载体成为目前基因工程研究中最通用的大肠杆菌克隆载体之一。

6.2.4.3　宿主系统

外源基因表达是基因工程的重要内容，也是工业、医疗和基础研究领域的重要技术。基因表达系统按照基因表达宿主的性质分为原核表达系统和真核表达系统两类，前者主要包括大肠杆菌表达系统和枯草杆菌表达系统，后者主要包括酵母表达系统、昆虫细胞表达系统和哺乳动物细胞表达系统等。

1. **原核细胞**

（1）大肠杆菌

表达产物的形式为，细胞内不溶性表达（包涵体）、胞内可溶性表达、细胞周质表达，极少还可分泌到胞外表达。不同的表达形式具有不同的表达水平，且会带来完全不同的杂质。其特点如下。

①大肠杆菌中的表达不存在信号肽，故产品多为胞内产物，提取时需破碎细胞，此时细胞质内其他蛋白也释放出来，因而造成提取困难。

②由于分泌能力不足，真核蛋白质常形成不溶性的包涵体（inclusion body），表达产物必须在下游处理过程中经过变性和复性才能恢复其生物活性。

③在大肠杆菌中表达不存在翻译后修饰作用，故对蛋白质产物不能糖基化，因此，只适于表达不经糖基化等翻译后修饰仍具有生物功能的真核蛋白质，在应用上受到一定的限制。

由于翻译常从甲硫氨酸的 AUG 密码子开始，故目的蛋白质的 N 端常多余一个甲硫氨酸残基，容易引起免疫反应。大肠杆菌会产生很难除去的内毒素，还会产生蛋白酶而破坏目的蛋白质。

（2）枯草芽孢杆菌

分泌能力强，可将蛋白质产物直接分泌到培养液中，不形成包涵体。该菌也不能使蛋白质糖基化，另外由于它有很强的胞外蛋白酶，会对产物进行不同程度的降解，因此，它的应用也受到限制。

（3）链霉菌

重要的工业微生物。特点是不致病，使用安全，分泌能力强，可将表达产物直接分泌到培养液中，具有糖基化能力，可做理想的受体菌。

2. 真核细胞

（1）酵母

繁殖迅速，可廉价地大规模培养，而且没有毒性，基因工程操作与原核生物相似，表达产物直接分泌到细胞外，简化了分离纯化工艺。表达产物能糖基化。特别是某些在细菌系统中表达不良的真核基因，在酵母中表达良好。目前以酿酒酵母应用最多。干扰素和乙肝表面抗原已获成功。酵母表达系统的主要优点有：表达量高，表达可诱导，糖基化机制接近高等真核生物，分泌蛋白易纯化，容易实现高密度发酵等。缺点是并非所有基因都可以获得高表达，这同时也是几乎所有表达系统的共同问题。

（2）丝状真菌

很强的分泌能力，能正确进行翻译后加工，包括肽剪切和糖基化，而且糖基化方式与高等真核生物相似，丝状真菌（如曲霉）被确认是安全菌株，有成熟的发酵和后处理工艺。

（3）哺乳动物细胞

由于外源基因的表达产物可由重组转化的细胞分泌到培养液中，培养液成分完全由人控制，从而使产物纯化变得容易。产物是糖基化的，接近或类似于天然产物。但动物细胞生产慢，生产率低，而且培养条件苛刻，费用高，培养液浓度较稀。

虽然从理论上讲，各种微生物都可以用于基因表达，但由于克隆载体、DNA 导入方法以及遗传背景等方面的限制，目前使用最广泛的宿主仍然是大肠杆菌和酿酒酵母。

6.2.4.4　表达载体

1. 原核表达系统表达外源基因

目前有多种载体可供选择，对重组质粒的基本要求是要有较高的拷贝数和在菌体内能稳定存在。

（1）载体

表达载体必须具备的条件为，①载体能够独立地复制；②具有灵活的克隆位点和方便的筛选标记，且克隆位点应在启动子序列后，以使克隆的外源基因得以表达；③具有很强的启动子，能为大肠杆菌的 RNA 聚合酶所识别；④具有阻遏子，使启动子受到控制，只有当诱导时才能进行转录；⑤具有很强的终止子，以便使 RNA 聚合酶集中力量转录克隆的外源基因，而不转录无关的基因；⑥所产生的 mRNA 必须具有翻译的起始信号，即起始密码子 AUG 和 SD 序列，以便转录后能顺利翻译。

（2）真核基因在大肠杆菌中的表达方式大体上可分为四种类型

①非融合型表达载体；②分泌型表达载体；③融合蛋白表达载体；④包含体型表达载体。非融合型蛋白是指不与细菌的任何蛋白或多肽融合在一起的表达蛋白，常选用非融合型载体，如 pKK223-3。非融合型蛋白的优点是其具有真核生物体内蛋白质的结构，功能接近于生物体内天然蛋白质。以非融合型蛋白形式表达药物基因易被蛋白酶破坏，N 端有甲硫氨酸，易引起免疫反应。融合蛋白则是指蛋白质的 N 端，由原核 DNA 序列（如 β- 半乳糖苷酶基因部分序列）或其他序列（拼接的 DNA 序列）编码，C 端由目的基因的完整序列编码。这样产生的融合蛋白 N 端多肽能抵御和避免细菌内源性蛋白酶降解，使 C 端真核蛋白不被分解，仍保留完整的蛋白活性。但此多肽给纯化真核蛋白带来了不便，有时可以通过构建蛋白质信号肽以便于蛋白分泌到胞外，也可接上具协同效应的蛋白基因，只要使二者的阅读框架一致，使目的基因的翻译相位不发生错位即可，从而使产生的融合蛋白具有更强的生物学活性。以融合蛋白形式表达药物基因融合蛋白氨基端是原核序列，羧基端是真核序列。优点是操作简便，蛋白质在菌体内比较稳定，易高效表达。缺点是只能做抗原，一般不做人体注射用药。

2. 真核表达系统表达外源基因

（1）酵母载体

酵母载体是可以携带外源基因在酵母细胞内保存和复制，并随酵母分裂传递到子代细胞的 DNA 或 RNA。

（2）克隆载体

向酵母载体中引入大肠杆菌质粒 pBR322 的 ori 部分和 amp^R 或 tet^R 部分，这样构成的载体同时带有细菌和酵母的复制原点和选择标记。

（3）表达载体

将酵母菌的启动子和终止子等有关控制序列引入载体的适当位点后，就构成了酵母菌的表达载体。表达载体分普通表达载体和精确表达载体。

6.2.5　载体的连接

根据目的 DNA 与线性化载体末端的特征，可采用不同的连接方式。

1. 黏性末端连接有以下三种情况

（1）不同黏性末端连接

即用一组同尾酶分别切割载体和目的 DNA，使载体和目的 DNA 的两端形成不同的黏性末端，从而使目的 DNA 可以定向插入载体

（2）相同黏性末端连接

用一种限制性内切核酸酶分别切割载体和目的 DNA，使两者具有相同的黏性末端。这种连接会增加非目的连接（载体或目的 DNA 的自连、目的 DNA 多拷贝）和目的 DNA 反向插入的概率，给后续筛选造成困难。将 RE 切割后的载体用碱性磷酸酶处理，去除其 5' 端的磷酸基团，可有效减少载体自身的环化。

（3）其他方法产生黏性末端连接

将平末端改造为黏性末端常用的方法有：

①同聚物加尾法

用末端转移酶将外源 DNA 与载体末端分别聚合互补配对的脱氧核苷酸尾，从而使外源 DNA 片段插入载体中。

②人工接头法

化学合成带有 RE 切点的平端寡核苷酸双链接头，将其与目的 DNA 的平端连接，然后用 RE 切割人工接头产生黏性末端，继而与载体连接。

③ PCR 法

根据目的 DNA 序列的两端合成一对引物，在每条引物的 5' 端分别设计不同的 RE 位点，然后以目的 DNA 为模板进行 PCR 扩增，产物用相应的 RE 酶切获得带有黏端的 RE 的 DNA 片段，再与载体连接。

2. 平末端连接

采用 T4 DNA 连接酶可将带有平末端的目的 DNA 和载体连接。这种连接方式同样存在非目的连接及目的 DNA 非定向插入的缺点。

3. 黏 – 平末端连接

指目的 DNA 与载体通过一端为黏性末端、一端为平末端的方式连接。此法也可以实现目的 DNA 的定向克隆。

6.2.6 重组体的鉴定

1. 遗传学检测法

根据载体表型特征选择重组体分子（直接选择法），载体分子通常都带有一个可选择的遗传标志或表型特征。质粒载体或柯斯载体具有耐药性标记或营养标记，而噬菌体能形成噬菌斑，可用于选择标记。

根据载体表型特征筛选重组分子的选择法是半乳糖苷酶显色反应选择法。将含 pUC 质粒的宿主细胞培养在添加有 X-gal 和乳糖诱导物 IPTG 的培养基中，由于基因内互补作用，形成有功能的半乳糖苷酶，其可分解添加于培养基中无色的 X-gal，产生半乳糖和深蓝色的底物 5-溴-4-氯-靛蓝，使菌落呈现蓝色反应。在 pUC 质粒载体 *lac* Zα 序列中，含有多克隆位点，其中任何一个酶切位点插入外源 DNA 片段，都会阻断 α - 肽的读码结构，使其编码的 α - 肽失活，从而使菌落呈白色。因此，根据半乳糖苷酶的显色反应，可检测出含有外源 DNA 重组克隆。

2. 其他

检测出含有外源 DNA 重组克隆的方法还有核酸分子杂交检测法、物理检测法、免疫学检测法及核酸序列分析等。

第 7 章　生物芯片技术

人类基因组计划（Human Genome Project，HGP）的成功和蛋白质组计划（Human Proteome Project，HPP）的启动，获得了数量巨大的基因和蛋白质信息。对庞大的基因组和蛋白质组信息进行处理和研究，必须设计和利用更为高效的软件和硬件技术，建立新型、高效、快速地检测分析技术。同时，生命科学与众多相关学科，如物理学、微电子学、计算机科学、材料科学、微加工技术、有机合成技术等的迅猛发展和综合交叉为生物芯片（biochip）的实现提供了实践上的可能性。

7.1　生物芯片技术简介

生物芯片是指采用光导原位合成或微量点样等方法，将大量生物大分子，比如核酸片段、多肽分子甚至组织切片、细胞等生物样品有序地固化于支持物（如玻片、硅片、聚丙烯酰胺凝胶、尼龙膜等载体）的表面，利用生物分子之间的特异性亲和反应，实现对基因、配体、抗原等生物活性物质的检测分析。由于生物芯片采用了微电子学的并行处理和高密度集成的概念，因此可同时并行分析成千上万种生物分子，具有高通量、高灵敏度和并行检测的特点。由于常用玻片或硅片作为固相支持物，且在制备过程模拟计算机芯片的制备技术，所以称之为生物芯片技术。由于用该技术可以将极大量的探针同时固定于支持物上，所以一次可以对大量的生物分子进行检测分析，从而解决了传统核酸印迹杂交技术复杂、自动化程度低、检测目的分子数量少、低通量等问题。通过设计不同的探针阵列、使用特定的分析方法可使该技术具有多种不同的应用价值，如基因表达谱测定、突变检测、多态性分析、基因组文库作图及杂交测序（sequencing by hybridization，SBH）等，为“后基因组计划”时期基因功能的研究及现代医学科学及医学诊断学的发展提供了强有力的工具，将会使新基因的发现、基因诊断、药物筛选、给药个性化等方面取得重大突破，为整个人类社会带来深刻广泛的变革。该技术被评为 1998 年年度世界十大科技进展之一。

生物芯片技术是一种高通量检测技术，它包括基因芯片、蛋白芯片、组织芯片及芯片实验室几个领域。

生物芯片技术有四大要点：芯片方阵的构建、样品的制备、生物分子反应和信号的检测。

7.2　基因芯片

基因芯片（gene chip，DNA chip）又称 DNA 微阵列（DNA microarray），是指按照预定位置固定在固相载体上很小面积内的千万个核酸分子所组成的微点阵阵列。在一定条件下，载体上的核酸分子可以与来自样品的序列互补的核酸片段杂交。如果把样品中的核酸片段进行标记，在专用的芯片阅读仪上就可以检测到杂交信号。

基因芯片技术是近年发展和普及起来的一种以斑点杂交为基础，建立的高通量基因检测技术。其基本原理是先将数以万计的已知序列的 DNA 片段作为探针按照一定的阵列高密度集中在基片表面，这样阵列中的每个位点（cell）实际上代表了一种特定基因，然后与用荧光素标记的待测核酸进行杂交。用专门仪器检测芯片上的杂交信号，经过计算机对数据进行分析处理，获得待测核酸的各种信息，从而达到疾病诊断、药物筛选和基因功能研究等目的。

7.2.1　基因芯片技术主要包括四个主要步骤

基因芯片技术的基本操作主要分为四个基本环节：芯片制作、样品制备和标记、杂交反应、信号检测和结果分析。

1. **芯片制作**

芯片制作是该项技术的关键，它是一个复杂而精密的过程，需要专门的仪器。根据制作原理和工艺的不同，制作芯片目前主要有两类方法。第一种为原位合成法，是指直接在基片上合成寡核苷酸。这类方法中最常用的一种是光引导原位合成法，所用基片上带有由光敏保护基团保护的活性基团。原位合成法适用于寡核苷酸，产率不高。第二种为微量点样法，一般先制备探针，再用专门的全自动点样仪按一定顺序点印到基片表面，使探针通过共价交联或静电吸附作用固定于基片上，形成微阵列。微量点样法点样量很少，适合于大规模制备 cDNA 芯片。使用这种方法制备的芯片，其探针分子的大小和种类不受限制，并且成本较低。

2. **样品制备和标记**

生物样品往往是复杂的生物分子混合体，由于有时样品的量很少，除少数特殊样品外，一般不能直接与芯片反应。所以，必须将样品进行提取、扩增，获取其中的蛋白质或 DNA、RNA，用荧光标记，以提高检测的灵敏度和使用者的安全性。Mosaic Technologies 公司发展了一种固相 PCR 系统，好于传统 PCR 技术，他们在靶 DNA 上设计一对双向引物，将其排列在丙烯酰胺薄膜上，这种方法无交叉污染且省去液相处理的烦琐；Lynx Therapeutics 公司提出另一个革新的方法，即大规模平行固相克隆（massively parallel solid

-phase cloning），这个方法可以对一个样品中数以万计的 DNA 片段同时进行克隆，且不必分离和单独处理每个克隆，使样品扩增更为有效快速。在 PCR 扩增过程中，必须同时进行样品标记，标记方法有荧光标记法、生物素标记法和同位素标记法等。

3. 杂交反应

杂交反应是荧光标记的样品与芯片上的探针进行反应产生一系列信息的过程。选择合适的反应条件能使生物分子间反应处于最佳状况，减少生物分子之间的错配率。样品 DNA 与探针 DNA 互补杂交要根据探针的类型和长度及芯片的应用来选择、优化杂交条件。若用于基因表达监测，因为杂交的严格性较低，可用较低温度、时间稍长、盐浓度高等条件；若用于突变检测，则杂交条件相反。芯片分子杂交的特点是探针固化，样品荧光标记，一次可以对大量生物样品进行检测分析，杂交过程只要 30min。美国某公司采用控制电场的方式，使分子杂交速度缩到 1min，甚至几秒钟。德国癌症研究院的乔治·霍海塞尔（Jorg Hoheisel）等认为以肽核酸（PNA）为探针效果更好。

4. 信号检测和结果分析

杂交反应后的芯片上各个反应点的荧光位置、荧光强弱经过芯片扫描仪和相关软件可以分析图像，将荧光转换成数据，即可以获得有关生物信息。用激光激发芯片上的样品发射荧光，严格配对的杂交分子，其热力学稳定性较高，荧光强，不完全杂交的双键分子热力学稳定性低，荧光信号弱（不到前者的 1/35~1/5），不杂交的无荧光。不同位点信号被激光共焦显微镜或落射荧光显微镜等检测到，由计算机软件处理分析，得到有关基因图谱。目前，如质谱法、化学发光法、光导纤维法等更灵敏、快速，有取代荧光法的趋势。

7.2.2 基因芯片主要类别

7.2.2.1 cDNA 芯片（cDNA Chip）

在玻璃片、硅片、聚丙烯膜、硝酸纤维素膜、尼龙膜等固相载体上固定的成千上万个 cDNA 分子组成 cDNA 微阵列。制作 cDNA 芯片最常用的固相载体是显微镜载玻片，载玻片在使用前需要进行表面处理，目的是抑制玻璃片表面对核酸分子的非特异性吸附作用。常用的表面处理方法有氨基化法、醛基化法和多聚赖氨酸包被法。

1. cDNA 芯片的制备

制备 cDNA 芯片多用合成后点样法（spotting after synthesis），简称点样法。点样法制备 cDNA 芯片的设备称为点样仪（arrayer），目前有多家国外公司生产点样仪。点样仪的主要部件是由计算机系统控制的电脑机械手。点样时电脑机械手利用点样针头（Pin）从 96 或 384 样孔板上蘸取 cDNA 样品，按照设计好的位置点在载玻片表面。针头的数目、机械手的移动时间、针头清洗和干燥时间、样品总数和载破片数目共同决定了点样所需时间；针头的直径和形状、样品溶液的黏滞程度以及固相载体的表面特性决定了芯片上液滴的量和扩散面积。除点样法外，cDNA 芯片也可以用电子定位法(electronic addressing)制备。对空白片上的特定位点进行电活化，使相应活化点的表面带有电荷，成为“微电极”，能够吸附 cDNA 分子。带有微电极的片子与样品溶液共同孵育，溶液中的 cDNA 分子被吸附的微电极上，并与片子表面发生化学结合从而被固定。用这种工艺制备的芯片的优点是微电极的电吸附作用可以提高与靶核酸的杂交效率。缺点是制备复杂，成本较高。这种带有微电极的芯片也称为主动式芯片。许多公司出售商品化的 cDNA 芯片，可以根据需要从公司定制。

2. cDNA 芯片的使用方法——样品制备和杂交

样品制备包括分离和标记两个方面，有些样品还需经过核酸扩增放大这一步骤。样品制备的一般过程是：提取待检样品中的 mRNA，逆转录成 cDNA，同时标记上荧光。荧光标记为最常用的方法，优点是无放射性且有多种颜色可供使用。研究者可以根据需要选用其他标记方法，例如同位素标记法、化学发光法或酶标法。如果目的是研究两种来源的组织细胞基因的差异表达，则分别提取两种组织细胞的 mRNA，逆转录成 cDNA，分别标记两种不同颜色的荧光，如 Cy3 和 Cy5，等量混合后与芯片进行杂交反应。杂交反应可以在专用的杂交仪（hybridization station）或杂交盒（hybridization chamber）内进行。杂交仪能够容纳多张芯片，有利于杂交过程的自动化和杂交条件的标准化。单个反应可以在杂交盒里进行，斯坦福大学帕特里克・布朗（Patrick O. Brown）教授领导的实验室将制作杂交盒的详细说明提供在互联网上，同时还提供了 cDNA 芯片设备、样品处理与杂交的完整的实验手册和有关软件的下载。

3. 杂交信号检测和分析

通常检测芯片上的杂交信号需要高灵敏度的检测系统——阅读仪（reader），阅读仪的成像原理分为激光共焦扫描和 CCD 成像两种。前者分辨率和灵敏度较高，但是扫描速度较慢且价格昂贵，后者的特点与之相反。一次标准的 cDNA 芯片杂交实验产生的成千上万个点的杂交信息，需要生物信息学手段的支持。已经有多种读取和分析杂交信号的应用软件以及能够与网络公共数据库连接进行数据分析的应用软件，在 NHGRI 的网站可以下载用于图像分析的软件，还可以找到能够与 Genbank、Unigene 等数据库联机工作的软件包。

7.2.2.2　寡核苷酸芯片

所谓的寡核苷酸芯片（Oligonucleotides Chip）是用合成的、一定长度的、基因特异序列的单链寡核苷酸代替 PCR 合成的全长 cDNA 双链，点在片基上。这一改动使寡核苷酸芯片比传统的 cDNA 芯片有了无可比拟的优点：序列经过优化，减少非特异杂交，能有效区分有同源序列的基因，减少二级结构；杂交温度均一，提高杂交效率；合成产物浓度均一，避免因样品浓度差异而造成点样量差异；无须扩增，防止扩增失败影响实验。

1. 寡核苷酸芯片的制备

制备方法以直接在基片上进行原位合成为主，有时也可以预先合成，再按照制备cDNA芯片的方法固定在基片上。原位合成（in situ synthesis）是目前制造高密度寡核苷酸芯片最为成功的方法，有几种不同的工艺，其中最著名的是美国Affymetrix公司的专利技术——光引导化学合成法（Light-directed chemical synthesis process）。产品名为Gene Chip。

Affymetrix公司已公开的光引导化学合成主要过程如下。首先根据杂交目的确定寡核苷酸探针的长度和序列。再由计算机设计出合成寡核苷酸时用到的所有光掩膜（masks），最后做探针合成。光导原位合成技术的优点是可以用很少的步骤合成极其大量的探针阵列，探针阵列密度可高达到每平方厘米一百万个。而这种方法的主要缺点，一是需要预先设计、制造一系列掩模，造价较高；二是每步产率较低。因此合成探针的长度受到了限制。

此外，原位合成的方法还有Incyte Phamaceuticals公司和Rosetta Biosystem Inc公司等使用的基于喷墨打印原理的原位合成法（in situ synthesis with reagents delivered by ink-jet printer devices）。喷印装置与普通的彩色喷墨打印机类似，用四种碱基液体取代墨盒中的彩色墨汁，通过计算机控制喷印机将特定种类的试剂喷洒到预定的区域上。冲洗、去保护、耦联等过程与传统的DNA固相原位合成技术相同。喷印法可以合成长度为40~50nt的寡核苷酸链，每步产率可以达到99%，合成30nt的寡核苷酸产率可达70%以上。日本佳能公司利用其独创的“气泡喷墨”技术，仅用24P1溶液就可以在基片上制作出近百微米的小探针点。每平方厘米可排布近20000个探针，克服了喷墨打印技术制备探针阵列密度较小的缺点。

2. 寡核苷酸芯片的杂交和检测分析

样品处理和杂交检测方法与cDNA芯片是一致的。由于寡核苷酸阵列多需要区分单碱基突变，因此需要严格控制杂交液盐离子浓度、杂交温度和冲洗时间。

7.3 蛋白质芯片

蛋白质是一切生命活动的基础，受基因表达的调控，因而以检测样品中mRNA丰度为基础的cDNA芯片是当今研究蛋白质表达中备受关注的技术手段。但是，细胞内mRNA的信息远不能反映基因产物的最终功能形式——蛋白质的表达状况，mRNA的丰度与其最终表达产物——蛋白质的丰度之间并没有直接的关联。更何况许多蛋白质还有翻译后修饰加工、结构变化、蛋白质与蛋白质间、蛋白质与其他生物大分子的相互作用等，因此以微阵列技术对生物样品行整体蛋白质表达分析的蛋白质芯片（protein chip）在后基因组时代越来越受重视。

蛋白质芯片，也称肽芯片（peptide chip），是根据蛋白质－蛋白质相互作用而设计的高通量蛋白检测技术平台。其主要特点是将已知蛋白阵列固定在载体上，用来检测相配对的未知蛋白，固定在载体上的蛋白质可以是抗体、抗原、受体、配体、酶、底物以及蛋白结合因子等。这种新技术可以在一次实验中比较生物样品中成百上千蛋白质的相对丰度。在实际应用中抗体芯片研究得最多，此外，还有表面增强激光解吸离子化（surface-enhanced laser desorption ionization，SELDI）蛋白质质谱芯片等。

7.3.1　蛋白质芯片种类

1. 抗体芯片

抗体芯片（antibody microarray），是将能识别特异抗原的抗体制成微阵列，检测生物样品中抗原蛋白表达模式的方法。Clontech 公司推出的第一代抗体芯片 Ab Microarray 380 包含了固定在芯片片基上的 378 种已知蛋白质的单克隆抗体，可以在一次简单实验中同时检测样品中的 378 种蛋白质的表达情况，并且可以在一张芯片上对两种样品的表达模式进行比较分析。这使得抗体芯片在毒性实验、疾病研究和药物开发上有广泛的应用前景。Ab Microarray 380 芯片上每个抗体都是并列双点以增加结果的可靠性，抗体针对广泛的胞内蛋白和膜结合蛋白。已知参与信号传导、癌症、细胞周期调控、细胞结构、凋亡和神经生物学等广泛的生物功能，因而可以用于检测某一特定的生理或病理过程相关蛋白的表达。同时，还可以作为 DNA 芯片的补充，用于研究蛋白和基因表达之间的关系。

2. 表面增强激光解吸离子化蛋白质质谱芯片

SELDI 蛋白质质谱芯片技术是 Taylor 医学院的赫琴斯（Hutchens）和伊普（Yip）发展起来的。这种技术是利用经过特殊处理的固相支持物或芯片的层析表面，根据蛋白质物理、化学性质的不同，选择性地从待测生物样品中捕获配体，将其结合在芯片的固相层析表面上，经原位清洗和浓缩后，结合 TOF-MS 技术，对结合的多肽或蛋白质进行质谱分析。

美国 Ciphergen Biosystems 公司购买了 SELDI 技术的生产专利，在此基础上推出一种称为 ciphergen's protein chip biomarker system 的技术平台，将蛋内质组学研究技术整合在类似“芯片”的装置上进行。他的核心技术就是 SELDI 质谱和飞行时间检测技术的相互整合。通过把蛋白质结合在芯片上直接进行 TOF-MS 分析，去除了分析前复杂的样品制备过程。不经严格纯化，直接用患者的血液、尿液、脑脊液、胸腔积液等体液以及细胞裂解液进行分析。同时，还可以定量和定性分析结合的靶蛋白。他的操作具有相对简单、高效、快速和准确等特点，一经出台就受到临床研究工作者的高度青睐，同时预示着有可能最先进入临床蛋白质组检测的应用。

目前，利用 Ciphergen Biosystems 公司的 SELDI-TOF-MS 技术平台已发现了前列腺癌、老年痴呆症、急性肾衰竭、乳腺癌、肾结石、膀胱癌和尿道感染等疾病的生物标志物的候选物，有望成为早期诊断的标志物，用于大规模的临床筛查。

7.3.2 蛋白质芯片的特点

（1）直接测量非纯化分析物

在进行生物分子的特异性结合研究时，利用蛋白质芯片可以直接测量非纯化分析物。

（2）多元样品同时检测

由于观测的样品面积大，所以能够用于多元样品观察，在同一表面上可以同时观察几个、几十个、上百个以至更多样品单元。此技术可以同时检测体液中的多种蛋白质，可以同时测量多对生物分子，包括蛋白质、核酸、多糖、磷脂，甚至生物小分子，以及候选药物的分子间相互作用的情况。它提供了同时分析多元分子溶液综合信息和多样品检测的技术手段。

（3）样品用量少

采用了可以达到次单分子膜层分辨能力的光学成像技术和集成蛋白质芯片技术，样品用量仅在 10μL 量级。

（4）样品无须任何标记物

直接测量生物分子的特异性结合所形成的生物分子复合物，并不需要像酶联免疫法或放射免疫法那样对生物分子作标记，并且不会对待测生物分子活性造成任何扰动和损伤。

（5）实时检测生物分子相互作用的动态过程

可以实时检测多对生物分子的分子间相互作用过程，如分子间是否存在特异性结合、结合的强度和速度、解离的快慢以及结合部位的分析，可以获得生物分子反应的动力学信息。

（6）具有分辨和排除干扰信号的能力

面阵式芯片测量具有分辨和排除干扰信号的能力。

（7）检测速度快

电子图像采样具有快速摄取图像的能力，为生物分子动力学研究提供了可能。

（8）结果直观

检测结果均以数字图像形式输出，可以进行定性和定量测量。

7.4 组织芯片

组织芯片（tissue chip），又称组织微阵列（tissue microarray，TMA），是指将数十至数千个小组织排列在一张载玻片上而制成的组织阵列切片。作为芯片技术的新成员，它具有经济、简便、快捷的特点，特别是具有分子生物学和组织形态学的综合优势，满足基础研究和临床研究工作者的需要，具有广泛的应用前景。与传统组织病理技术比较，具有信息量大、体积小的特点，是传统技术的革新。

7.4.1　组织芯片构建

TMA 制作过程大致包括以下几个步骤。

（1）芯片设计。根据实验目的选择样本并设计小组织的排列方式。研究目的不同，所排列的组织顺序就不同。目前常见的组织芯片包括肿瘤组织芯片、正常组织芯片、单一或复合型芯片、特定病理类芯片等 10 余种组织芯片。

（2）根据设计将载体蜡块打孔。所谓载体蜡块，指容纳特定小组织的空白蜡块，它需要有一定的韧度和硬度，通常将蜂蜡和莱卡蜡按一定比例混合融化而成的混合蜡能满足要求。

（3）对供体蜡块组织切片做组织形态学观察，并标记所需的靶点。准确标记定位是抽取的组织柱具有良好代表性的前提条件，因而这一步是非常重要的步骤。

（4）用组织芯片仪钻取靶点组织，移至载体蜡块相应孔位上，做好准确记录。

（5）将制好的阵列蜡块切片裱于玻片上备用。

组织芯片制作所需的设备包括组织芯片仪（主要包括打孔针和距离调节器）和一套切片辅助系统（paraffin section aid tape transfer system，PSA，包括胶膜、光玻玻片、紫外线灯等）。打孔针是组织芯片制作的关键设备，每个打孔针的中心都有一根配套的实心针，通常直径可为 0.6mm、1.5mm、2.0mm 等，可用来钻取靶点组织，亦可用于在载体蜡块上打孔。

组织芯片构建过程中容易出现的问题主要有两个，其一为无效组织，产生的原因可能是组织定位不准或错位，也可能是组织样本厚度不均或取样时抽取小组织的厚度不一；其二为切片过程中组织片移位、不能成片或组织片脱落。切片辅助系统有助于解决这一问题。

7.4.2　组织芯片的检测与分析

组织芯片可以进行常规 HE 染色（苏木精 - 伊红染色）、特殊染色和免疫组织化学染色，以及荧光原位分子杂交（Fluorescence in situ hybridization，FISH）、mRNA 原位分子杂交、原位 PCR、原位 RT-PCR 等检测，可同时从 DNA、mRNA 和蛋白质水平进行研究。与传统方法比较起来，组织芯片具有快捷、省时、节约资金的特点，大大地提高了实验效率。一个组织阵列蜡块可切 100~200 张连续切片，这样一套组织芯片可迅速对上百种生物大分子进行分析、检测。同时，由于组织芯片将众多样本放在同一切片上，同化了实验条件，减少了因普通实验方法中分批、分次实验造成的实验误差。简（Jan）等用组织芯片技术观察了 1842 例膀胱癌患者 Cyclin E 基因的扩增和蛋白表达情况，仅用了 2 周时间，这是传统方法无法做到的。组织芯片结果的观察可以人工完成，也可应用软件 - 图像系统分析。分析系统的开发利用提高了实验效率。

7.4.3 与其他芯片技术的比较

基因芯片、蛋白芯片、抗体芯片等其他芯片技术制造工艺复杂，成本高，需要昂贵的专用仪器设备。其基本原理是将已知的多种核苷酸片段或蛋白质、抗体点阵在基片上，把获得的核酸或蛋白质标本加在芯片上，用于检测某一标本中的基因或蛋白质。组织芯片制作工艺简单，成本低，样本为组织标本，来源广泛，可有效利用成百上千份自然或处于疾病状态下的组织标本来研究特定或几个基因及其所表达的蛋白质和疾病之间的相互关系。

7.5 芯片实验室

芯片实验室（Lab-on-a-Chip）或称微全分析系统（Micro Total Analysis System，micro TAS）是生物芯片研究领域的一个热点。它是利用微机电加工技术与生物技术，将采样、稀释、加试剂、反应、分离、检测等化学分析的全过程集成于一体，缩小构成芯片上的实验室系统。它是一个多学科交叉的新领域，其最终目标是对分析的全过程实现全集成，从而极大地缩短检测分析时间，节省实验材料。目前美国的 Nanogen 公司、Affymetrix 公司、宾夕法尼亚大学医学院和密歇根大学的科学家通过利用在芯片上制作出的加热器、阀门、泵、微量分析器、电化学检测器或光电子学检测器等，将样品制备、化学反应和检测三部分作了部分集成。Gene Logic 公司设计制造的生物芯片可以从待检样品中分离出 DNA 或 RNA，并对其进行荧光标记。当样品流过固定于栅栏状微通道内的探针时，即可捕获与之互补的靶核酸序列，应用相应的检测设备实现对杂交结果的检测分析。这种芯片上的寡核苷酸探针具有较大的黏附面积，可以灵敏地检测到稀有基因的变化。同时，由于该芯片设计的微通道具有浓缩和富集作用，所以可以加速杂交反应，缩短测试时间，降低测试成本。1998 年 6 月，Nanogen 公司首次报道用芯片实验室实现的从样品制备到反应结果显示的全部分析过程。这个实验室的成功是生物芯片研究领域的一大突破，其向人们展示了用生物芯片制作芯片实验室的可能性。

芯片实验室是缩小了的生化分析器，他将样品制备、生化反应到检测分析的整个过程集成在芯片上，解决了基因及蛋白质芯片技术中存在的一些问题，如对实验室规模、仪器设备要求较高、依赖性较强，芯片之间的重复性较差，样品制备和标记操作的一体化性能欠佳等。芯片实验室的发展前景广阔，但现有芯片实验室的研究水平比理论上所要达到的水平还相差很多。这是因为，①微量样品与检测准确度的矛盾；②芯片的小尺寸与检测器等的连接等。但它的出现必将会给生命科学、医学、化学、新药开发、农作物育种和改良、司法鉴定、食品与环境监督等众多领域提供强有力的技术支持，从而带来检测分析领域的一场革命。

7.5.1　芯片实验室的发展历史与国内现状

芯片实验室最初的想法是发展一种可能作为一个化学分析所需的全部部件和操作集成在一起的微型器件，强调“微”与“全”。所以把 microTAS 看作是化学分析仪器的微型化。1993 年 Harrison 和 Manz 等人在平板微芯片上实现了毛细管电泳与流动注射分析，借电渗流实现了混合荧光染料样品注入和成功电泳分离。但直到 1997 年这段时间里该领域的发展前景并不十分明朗。1994 年始，美国橡树岭国家实验室在 Manz 的工作基础上发表了一系列论文，改进了芯片毛细管电泳的进样方法，提高了其性能与实用性，引起了更广泛的关注。在此形势之下，第一届 Lab-on-a-chip or microTAS 国际会议在荷兰 Enchede 举行，起到了推广微全分析系统的作用。1995 年美国加州大学的 Mathies 等在微流控芯片上实现了 DNA 等速测序，微流控芯片的商业开发价值开始显现，而此时微阵列型的生物芯片已进入实质性的商品开发阶段。同年 9 月，首家微流控芯片企业 Caliper Technologies 公司在美国成立。1996 年 Mathies 又将基因分析中有重要意义的聚合酶链反应（PCR）扩增与毛细管电泳集成在一起，展示了微全分析系统在生物医学研究方面的巨大潜力。与此同时，有关企业中的微流控芯片研究开发工作也加紧进行。1998 年之后，专利之战日益激烈，一些微流控芯片开发企业纷纷与世界著名分析仪生产厂家合作，Agilent 与 Caliper 联合利用各自的技术优势推出首台这方面的分析仪器 Bioanalyzer 2100 及相应的分析芯片，其他几家厂商也于近年开始将其产品推向市场。据不完全统计，目前全世界已至少有 30 多个重要的实验室（包括 MIT，Stanford 大学、加州大学柏史莱分校、美国橡树岭国家实验室等）在从事这一领域的开发和研究。

然而，近年来，国内多家大学和研究所的实验室才开始这方面的研究。整体而言，这些院所所开展的工作尚处在起步阶段，多数是从毛细管电泳或流动注射分析所得到的技术积累转移至芯片平台上进行研究，虽然起步较晚，但行动较快。以中国科学院大连化物所林炳承课题组研制出了准商品化的激光诱导荧光芯片分析仪、电化学芯片分析仪和相关的塑料分析芯片，浙江大学亦推出了玻璃分析芯片等为代表的一些研究单位已进行了卓有成效的研究，但是企业尚未真正投入到此行业中来。

7.5.2　芯片实验室的要素与基本特点

7.5.2.1　芯片实验室的要素

按照目前的理解，芯片实验室是富有一定功能的。功能化芯片实验室大体包括三个部分，一是芯片；二是分析仪，包括驱动源和信号检测装置；三是包含有实现芯片功能化方法和试剂盒。

芯片本身涉及两个方面，一是尺寸，二是材料。现有典型的芯片约为几平方厘米，一般的通道尺寸宽为10~100μm，深为5~30μm，长度为3~10cm。其通道总体积较一般电泳毛细管小一个数量级左右，约为纳升级（10的负9次方升）。可用于芯片的材料最常见的为玻璃、石英和各种塑料。玻璃和石英有很好的电渗性质和优良的光学性质，可采用标准的刻蚀工艺加工，可用比较熟悉的化学方法进行表面改性，加工成本较高，封接难度较大。常用的有机聚合物包括刚性的聚甲基丙烯酸甲酯（PMMA），弹性的聚二甲基硅氧烷（PDMS）和聚碳酯（PC）等，它们成本低，可用物理或化学方法进行表面改性，制作技术和玻璃芯片有较大的区别。

样品和试剂的充分接触、反应或分离必须有外力的作用，这种外力一般为电场力、正压力、负压力或微管虹吸原理产生的力。人们常采用高压电源产生电场力或泵产生正、负压力作为驱动源。由芯片内产生的信号需要被检测，目前最常用的检测手段是激光诱导荧光，此外还有电化学、质谱、紫外、化学发光和传感器等。激光诱导荧光检测器主要由激光源、光学透镜组和以光电倍增管或CCD为主的荧光信号接收器件组成。特点是检测灵敏度高，被广泛采用，但现阶段其体积仍然偏大。驱动源和检测装置是芯片实验室仪器的主要组成部分，其体积的大小直接决定了芯片分析仪的大小，因此人们正努力追求将这两部分做到最小。

电化学检测由于其体积较小，与高压电源一起可制成便携式分析仪在尺寸上和芯片实验室的概念匹配，加之有电化学反应的物质很多，所以在芯片中的应用研究较多。电化学检测器的一般做法是将电极集成到芯片上，采用安培或电导法进行检测，其中电泳分离电压对检测电流的干扰是电化学检测需要克服的问题之一。用于电化学检测的电极材料有碳糊、碳纤维、铜丝、金丝等。被检测物质有氨基酸、肽、碳水化合物、神经递质等。把电泳分离、酶联免疫和生物化学集成于一体的芯片实验室研究已有报道，已可能实现多样本同时检测或多种免疫指标的同时检测。

诚然，检测的方式多种多样，研究者们正努力将现有的检测方法移植到芯片实验室的检测上，如质谱法、紫外可见光检测法等。现行的质谱仪一般都体积庞大，与芯片实验室的发展不匹配。不过，近来波拉（Polla）等研制出了质谱芯片，他们把离子化腔、加速电极、漂移腔、检测阵列等器件集成在只有一枚硬币大小的硅片上，检测质量达10~12g。功能化试剂盒是各种专一性芯片实验室的特征性组成部分，它将寓于各种应用之中。

7.5.2.2 芯片实验室的特点

芯片实验室的特点有以下几个方面。

1. 集成性

目前一个重要的趋势是集成的单元部件越来越多，且集成的规模也越来越大。所涉及的部件包括：和进样及样品处理有关的透析、膜、固相萃取、净化；用于流体控制的微阀（包括主动阀和被动阀），微泵（包括机械泵和非机械泵）；微混合器，微反应器，当然还有微通道和微检测器等。最具代表性的工作是美国Quake研究小组将3574个微阀、1000个微反应器和 1024 个微通道集成在尺寸仅有 3.3mm × 6mm 面积的硅质材料上，完成了液体在内部的定向流动与分配。

2. 分析速度极快

马蒂斯（Mathies）研究小组在一个半径仅为 8cm 长的圆盘上集成了 384 个通道的电泳芯片。他们在 325s 内检测了 384 份与血色病连锁的 H63D 突变株（在人 HFE 基因上）样品，每个样品分析时间不到 1s。

3. 高通量

以上所述的两个研究小组的研究成果已显示出这一特点。

4. 能耗低，物耗少，污染小

每个分析样品所消耗的试剂仅几微升至几十个微升，被分析的物质的体积只需纳升级或皮升级。Ramsey 最近报道，他们已把通道的深度做到 80nm，这样其体积达到皮升甚至更少。这样不仅能耗低，原材料和试剂及样品（生物样品和非生物样品）极少（仅通常用量的百分之一甚至万分之一或更少），从而使需要处理的化学废物极少，也就是说，大大降低了污染。

5. 廉价，安全

无论是化学反应芯片还是分析芯片由于上述特点随着技术上的成熟，其价格将会越来越廉价。针对化学反应芯片而言，由于化学反应在微小的空间中进行，反应体积小，分子数量少，反应产热少，又因反应空间体表面积大，传质和传热的过程很快，所以比常规化学反应更安全。而分析芯片因污染小，而且可采用可降解生物材料，所以更环保和安全。

第 8 章　分子生物学的应用

8.1　生物芯片的应用

生物芯片技术是近年出现的一种分子生物学与微电子技术相结合的最新 DNA 分析检测技术。生物芯片包括基因芯片、蛋白质芯片、组织芯片、微流控芯片和芯片实验室等，用以对基因、抗原或活细胞、组织等生物组分进行快速、高效、灵敏的分析与处理，具有高通量、微型化和集成化的特点。使用生物芯片可以同时检测样品中的多种成分，检测原理是利用分子之间相互作用的特异性（例如核酸分子杂交、抗原 - 抗体相互作用、蛋白质 - 蛋白质相互作用等），将待测样品标记之后与生物芯片作用，样品中的标记分子就会与芯片上的相应探针结合。通过荧光扫描等并结合计算机分析处理，最终获得结合在探针上的特定大分子信息。制备生物芯片常用硅芯片、玻璃片、聚丙烯膜和尼龙膜等固相支持物。

生物芯片技术是一项重要的生物技术，在农业、医学、环境科学、生物、食品、军事等领域有着广泛的应用前景。

8.1.1　基因芯片的应用

基因芯片技术自诞生以来，在生物学和医学领域的应用日益广泛，已经成为一项现代化检测技术。该技术已在 DNA 测序、基因表达分析、基因组研究（包括杂交测序、基因组文库作图、基因表达谱测定、突变体和多态性的检测等）、基因诊断、药物筛选、卫生监督、法医学鉴定、食品与环境检测等方面得到广泛应用。

人类基因组计划的实施推动着测序方法向更高效率、能够自动化操作的方向不断发展。芯片技术中杂交测序（SBH）和邻堆杂交（CSH）技术都是新的高效快速测序方法。使用含有 65536 个 8 聚寡核苷酸的微阵列，采用 SBH 技术，可以测定 200bp 长 DNA 序列。CSH 技术在应用中增加了微阵列中寡核苷酸的有效长度，加强了序列性，可以进行更长的 DNA 测序。

人类基因组编码大约 35000 个不同的功能基因，如果想要了解每个基因的功能，仅仅知道基因序列信息资料是远远不够的，这样，具有检测大量 mRNA 的实验工具就显得尤为重要。基因芯片能够依靠其高度密集的核苷酸探针将一种生物所有基因对应的 mRNA

或 cDNA 或者该生物的全部 ORF（open reading frame）都编排在一张芯片上，从而简便地检测每个基因在不同环境下的转录水平。整体分析多个基因的表达则能够全面、准确地揭示基因产物和其转录模式之间的关系。同时，细胞的基因表达产物决定着细胞的生化组成、细胞的构造、调控系统及功能范围，基因芯片可以根据已知的基因表达产物的特性，全面、动态地了解活细胞在分子水平的活动。

基因芯片技术可以成规模地检测和分析 DNA 的变异及多态性。通过利用结合在玻璃支持物上的等位基因特异性寡核苷酸（ASO）微阵列能够建立简单快速的基因多态性分析方法。随着遗传病与癌症等相关基因发现数量的增加，变异与多态性的测定也更显重要了。DNA 芯片技术可以快速、准确地对大量患者样品中特定基因所有可能的杂合变异进行研究。

基因芯片使用范围不断增加，在疾病的早期诊断、分类、指导预后和寻找致病基因上都有着广泛的应用价值。如它可以用于产前遗传病的检查、癌症的诊断、病原微生物感染的诊断等，可以用于有高血压、糖尿病等疾病家族史的高危人群的普查、接触毒化物质者的恶性肿瘤普查等，还可以应用于新的病原菌的鉴定、流行病学调查、微生物的衍化进程研究等方面。

药物筛选一般包括新化合物的筛选和药理机理的分析。利用传统的新药研发方式，需要对大量的候选化合物进行一一的药理学和动物学试验，这导致新药研发成本居高不下。而基因芯片技术的出现使得直接在基因水平上筛选新药和进行药理分析成为可能。基因芯片技术适合于复杂的疾病相关基因和药靶基因的分析，利用该技术可以实现一种药物对成千上万种基因的表达效应的综合分析，从而获取大量有用信息，大大缩短新药研发中的筛选试验，降低成本。它不但是化学药筛选的一个重要技术平台，还可以应用于中药筛选。国际上很多跨国公司普遍采用基因芯片技术来筛选新药。

目前，基因芯片技术还处于发展阶段，其发展中存在着很多亟待解决的问题。相信随着这些问题的解决，基因芯片技术会日趋成熟，并必将为 21 世纪的疾病诊断和治疗、新药开发、分子生物学、食品卫生、环境检测等领域带来一场巨大的革命。

8.1.2　蛋白质芯片的应用

蛋白质芯片是近年来兴起的一种强有力的高通量研究方法，能够一次平行分析成千上万的蛋白样品，具有很高的敏感度与准确性。它将成为蛋白质组学研究中的强有力的研究方法，并最终架起基因组学与蛋白质组学的桥梁。蛋白质组芯片可用于蛋白质组学研究中的各个领域，具体来说大致可分为三个方面。

（1）研究蛋白质与蛋白质之间的相互作用，筛选新的蛋白质。到目前为止，我们研究蛋白与蛋白之间的相互作用，还是沿用酵母双杂交系统。双杂交系统虽然在研究蛋白与蛋白之间的相互作用方面发挥重要作用，但它也具有其内在的不足。通过双杂交观察到的蛋白质的相互作用在真实情况下不一定发生，即假阳性。另外，对于某些蛋白特别是胞浆蛋白和胞膜蛋白在酵母的胞核内不一定能够正确折叠，这样给研究带来了很大的困难。Zhu 等运用蛋白质组芯片成功的对涵盖酵母 80% 的蛋白质进行了研究，构建了 5800 个酵母蛋白芯片，占包含了大约 80% 的酵母蛋白。并用钙调蛋白来筛选酵母蛋白芯片，钙调蛋白是一种非常保守的结合钙的蛋白，它有很多配偶体并参与许多钙控制的细胞过程。通过此方法除鉴定出 6 种已知的钙调蛋白的配偶体外，还找到 33 种另外的钙调蛋白可能的配偶体，这是其他方法很难做到的。

（2）蛋白质芯片能够用于现在其他方法不能检测到的，如蛋白质－药物、蛋白质－脂质之间的相互作用。宏纳（Homma）等用磷脂酰肌醇（PI）来筛选 PI 的结合蛋白。PI 是细胞膜的重要成分，并且是控制许多细胞过程如生长、分化细胞、骨架重排、膜运输等的第二信使。因为它们出现的时间很短暂，很少有人研究。这次宏纳等用 6 个脂质体共筛选出 150 种不同的蛋白，其中 52 个属于未知蛋白（占 35%），余下的 98 个已知蛋白中 45 个是与膜有关的或是估计具有跨膜区，包括完整的膜蛋白，并具有磷脂的修饰作用的蛋白，其他 8 个和磷脂代谢或肌糖磷酸化或是与膜和磷脂功能有关。令人惊奇的是磷脂结合蛋白中有 19 个是激酶，其中 17 个是蛋白激酶。酶是生物体内维持生命活动的重要物质，研究酶及其底物对于我们理解生命活动的本质有着重大的价值。利用蛋白质芯片检测酶和底物的作用，将会为酶及其底物的研究开辟一个新的领域。将 119 种酵母蛋白激酶制作成蛋白质芯片，运用 17 种特异性底物与之作用。他们发现 32 种酶能磷酸化 1~2 种没有谷氨酸、酪氨酸结构的底物，27 种酶能完全磷酸化有此结构的底物。酵母的蛋白激酶中，除了 2 种属于组氨酸家族外，其余的都属于丝氨酸或苏氨酸家族。而有研究则提示酵母的蛋白酶中应该有酪氨酸家族的成员。

（3）蛋白质组芯片还可用于检测蛋白与小分子物质的作用，如蛋白质与 DNA、RNA 分子等。怎样有效地检测蛋白与小分子物质的作用一直困扰着生命科学家，虽然近年来有新的方法出现，但它们有着共同的局限性，即均是利用了随机 cDNA 文库法，所以编码的蛋白不一定是全长，并且不能完全保证能够正确折叠。而大卫（David）等利用蛋白质芯片可克服以上的不足。

另外蛋白质组芯片不仅能用于蛋白质组学的研究，还可以用于药物基因组学，筛选药物的靶分子，以及疾病的诊断，筛选与疾病相关的特异性蛋白标志。

蛋白质芯片还广泛用于基础研究、临床诊断、靶点确证、新药开发，特别是检测基因表达。例如，可以用抗体芯片（antibody microarray）在蛋白质水平检测基因表达，可以用不同的荧光素标记实验组和对照组蛋白质样品，然后与抗体芯片杂交，检测荧光信号，分析哪些基因表达的蛋白质存在组织差异。检测基因表达可以用于研究功能基因组，寻找和识别疾病相关蛋白，从而发现新的药物靶点，建立新的诊断、评价和预后指标。

随着科学的不断发展，蛋白质芯片技术不仅能更加清晰地认识到基因组与人类健康错综复杂的关系，从而对疾病的早期诊断和疗效监测等起到强有力的推动作用，而且还会在环境保护、食品卫生、生物工程、工业制药等其他相关领域有更为广阔的应用前景。相信在不久的将来，这项技术的发展与广泛应用会对生物学领域和人们的健康生活、生产产生重大影响。

8.1.3　组织芯片的应用

1. 组织芯片在肿瘤研究中的应用

近年来人们应用生物高通量技术认识了大量与肿瘤发生、发展有关的候选基因。但要真正弄清这些基因在肿瘤形成、浸润和转移及耐药性中的意义，尚需要大量的临床病例来验证。也可以说，这些基因中哪些是真正的肿瘤相关基因，哪些是次要或无关的基因需要进一步考证。组织芯片包含的样本量大，与组织形态学结合满足了这一需求，因而在肿瘤学研究中愈来愈受重视。肿瘤组织芯片根据实验目的不同分别可以构建多肿瘤组织芯片、肿瘤进展组织芯片、肿瘤预后组织芯片。多肿瘤组织芯片包含多种类型肿瘤，用来筛选肿瘤相关基因、比较基因在不同肿瘤中的改变。肿瘤进展组织芯片包含不同发展阶段的肿瘤组织，可用来研究不同发展阶段的分子生物学变化，了解是否有特异的基因与病变不同发展阶段、组织学类型、分化程度有关，寻找早期病变的分子标志物，为临床提供资料。肿瘤预后组织芯片包含有明确的临床治疗、跟踪资料的病例，用于寻找与治疗和预后有关的指标。

由于肿瘤异质性的影响，构建组织芯片所需的大量标本可能来自不同时期或不同的单位，不同的标本处理方式明显影响抗原的表达，因此应规范标本处理方法。

2. 组织芯片在其他方面的应用

目前组织芯片最常应用于肿瘤学的研究，多数有关组织芯片的文献都来源于肿瘤研究者。但这并不代表组织芯片只用于肿瘤学研究。组织芯片技术结合了分子生物学和形态学的优势，可以从 DNA、mRNA 和蛋白质三个水平检测基因表达，必然会在基因功能研究中大显身手，广泛运用于生命科学研究，特别是为基因功能研究走向临床提供了捷径。对此，美国国家人类基因研究所和美国国家癌症研究所共同提出了“组织微阵列研究计划”，以推动组织芯片技术的发展和应用。我国在组织芯片技术方面已开始起步，但标本量少，同时组织库建设的滞后也限制了该技术的发展。虽然目前还处在不断完善成熟阶段，组织芯片技术仍具有广阔的发展前景。以往在人们对肿瘤发生、发展机制的大量研究中曾先后发现了许多与肿瘤发展进程或预后相关的“标志物”，但是要想验证他们通常十分困难。而组织微阵列技术可以在一张玻璃切片上同时分析大量的组织标本，正好解决了这个难题，使某些研究结果最终有可能用于指导临床诊断和治疗。TMAs 在肿瘤研究领域中的应用已有大量报道。

TMAs 是一种大规模群体水平的研究工具。虽然由于取材微小可能使某一个点与供体组织不完全一致，但大规模的统计分析将明显消除单个数据的差异对最终结果的影响。有学者用 TMAs 和正规的组织切片进行了对比研究，结果显示两种方法的一致性大于 95%。由于所有的组织都可以被放置在 TMAs 中，因而他不仅仅在肿瘤研究领域，在其他方面如炎症性疾病、心血管和神经系统疾病、一些动物模型的组织标本，以及细胞系的研究中都将体现出其实用价值。目前，这种技术还有许多问题有待于解决，但已显示出重要的科研和应用价值，也存在很大的经济价值。近两年 TMAs 得到了迅速发展，相信在不久的将来其将在分子病理学研究领域发挥更大的作用。

细胞芯片也称仿生芯片，是将单个细胞与一个电子集成电路芯片经特殊方法结合起来的微型装置。其原理是当细胞面临一定的电压时，细胞膜微孔就会张开，具有渗透性。通过计算机控制微型装置中的芯片就可以控制细胞的活动。这样在根本不影响周围细胞的情况下，可以对目标基因或细胞进行基因导入、蛋白质提取等研究。生物医学专家认为，最终开发出的细胞芯片能够精确调节电压，这样就可以激活不同的人体组织细胞，包括从肌肉、骨骼到人脑细胞。如果把他们植入人体，就可以取代或修补人体病变细胞组织。此外，细胞芯片还可用于研究细胞分泌和胞间通讯及细胞分类、纯化等。

最近出现了一种细胞微阵列芯片，它是将不同的质粒 DNA 点在玻璃片上做成质粒 DNA 芯片，接着在脂质转染试剂处理好的芯片上培养细胞，被转染的细胞因此获得了外源 DNA 赋予的新性状，因此也称为反向转染（reverse transfection）。这种技术不但可以用于 cDNA、融合肽或 RNA 分子的分析，而且还可以用于研究一些细胞因子、化学抑制剂或放射性标记对基因表达的影响。

8.1.4 芯片实验室的应用

随着近年来芯片实验室的发展，它在生物医学领域中的应用也越来越广泛。

1. 临床血细胞分析

近来艾利夫（Ayliffe）等人研制出了第一台阻抗计数、光谱分类的细胞芯片分析仪。他们将微流路和微电极组合到芯片上，实现了细胞的分类和计数。尔后许多研究者对此进行了改进，使这一技术日趋完美，不仅可以进行细胞的分类和计数而且还实现了血红蛋白的定量测定。值得一提的是，沃德（Gaward）等研制了一种 2cm × 3cm 大小的细胞分析芯片。他们利用阻抗法和光学分析技术实现了细胞的分析和颗粒大小的测定。近来，美国华盛顿大学与美国 Backman 公司合作研究出了可供检测血细胞的一次性塑料芯片，大大减少了检测成本和仪器的体积。

2. 核酸分析

微流控芯片实验室一开始就在 DNA 领域显示其极强的功能，涉及到了遗传学诊断、法医学基因分型和测序等方面内容。Tezuka 等在芯片上构建一种整体集成的纳米柱型阵列结构，这种纳米柱直径 200~500nm，高 5mm，类似于排列在一起的多个梳子，用于研究 DNA 的电泳特征及其分离，已分离了 T4 DNA 和 165.5kbp 的 lambda 标样；Lee 等制成集成有微混合器和 DNA 纯化装置的一次性微流控芯片系统，用于 DNA 的样品制备，在微通道里放置阴离子交换树脂，得到了单一头发丝中的线粒体 DNA 的电泳图；Hofg 等利用微流控芯片快速分析脑脊液样品中的 DNA，诊断带状疱疹病毒性脑炎所需时间只有脑脊液样品普通凝胶电泳的百分之一。

3. 蛋白质分析

达菲（Duffy）等利用 CD 盘式塑料阵列芯片采用离心的方式进行了碱性磷酸酶分析，每个样品检测只需 3ml 试剂，几分钟内可分析几十个样品。瑞典的 GYROS 公司已生产出类似的产品并进行了肌球蛋白、IgG、IgA 分析。近来伯克（Burke）和雷古纳（Regnier）在芯片上利用电泳辅助微分析系统（electrophoretically mediated microanalysis，EMMA）进行了 β - 半乳糖苷酶的分析测定。以拉姆齐（Ramsey）实验小组为代表的很多研究者利用芯片进行了蛋白质和肽的二维电泳分离与检测，为蛋白质的组学研究提供了一种快捷、便利的分析工具。

4. 药物分析

阿奇（Hatch）等利用“快速扩散免疫分析”方法在芯片上进行了全血 phenyton（一种抗癫痫药）浓度测定，测定时无须去红细胞，检测时间不足 20s。基姆（Chiem）等人利用竞争免疫分析法检测血清样品中治疗哮喘用的药物茶碱的浓度，办法是将含有未标记的药物样品和已知数量的突光标记的药物及药物抗体混合，未标记的药物与标记的药物竞争，导致标记的药物与抗体复合物的峰信号降低，而单个的标记药物峰信号增加，以 LIF 为检测器，在稀释的血清中药物检测限为 1.25mg/L，分离时间不超过 50s。萨瑟拉瑞（Sathuluri）等人利用细胞芯片进行抗肿瘤药物的高通量筛选。在芯片实验室上进行手性药物分离及药物相互作用研究等方面的文献报道较多。

5. 小分子分析

阿尔甘（Argaint）等研制了一种含有 Po_2、Pco_2 和 PH 传感器的硅芯片用于血气分析。整个芯片的尺寸仅有 6mm × 22mm 大小。用聚丙烯酰胺和聚硅氯烷聚合层分别作为内部电解质腔和气体渗透膜。用集成电路的制作工艺将整个传感器件集成在硅片上。因流路通道也被直接集成在硅芯片上，所以减少了样品和试剂的用量，且分析精度又能满足临床检测的需要。这种产品适宜批量生产。库特尼（Koutny）等利用免疫芯片电泳不需要进行预浓缩，即可在临床感兴趣的范围（10~600mg/L）内对血清皮质醇进行芯片电泳免疫分析。Rodriguez 等利用同步循环模式，通过 CZE 和 MEKC 两种方式分离人尿中的苯丙胺，甲基苯丙胺，3，4- 亚甲基二氧甲基苯丙胺及 *p*- 苯基乙胺的衍生产物，检测限为 10mg/L，远高于目前实际应用的要求。

当然，其应用不仅仅局限在生物医学领域，在化学有机合成和分析化学等方面亦得到时了广泛的应用，在此不再细述。

8.2 PCR 技术的应用

在所有生物技术中，PCR 技术发展最迅速，应用最广泛，它对生物学、医学和相邻学科带来了巨大的影响。它发展的新技术和用途大约有以下几个方面。

8.2.1 基础研究领域的应用

1. 扩增目的基因

科研工作者为了研究某一个生物性状的成因及其变异原因，首先需要将控制这个性状的基因克隆出来，然后将其克隆到合适的载体上，通过诸如转基因等方法来研究这个基因的功能。在克隆基因以及随后的转基因鉴定过程中，都需要应用 PCR 技术。

2. 基因组测序

为了了解一个基因或者一个 DNA 片段的碱基组成，需要通过测序，而核酸测序之前首先要对待测序的 DNA 片段进行 PCR 扩增，继而进行测序工作。

3. 生物主要性状的分子标记

对于控制同一个性状的基因，相同的物种具有相似的基因，不同的物种其基因是不同的。常见的分子标记如 RAPD 标记（随机扩增多态性 DNA，Random Amplified Polymorphism DNA 标记）、SSR 标记（简单重复序列，Simple Sequence Repeat 标记）、SNP 标记（核苷酸多态性，Single Nucleo tide Polymorphism 标记）等，都是应用 PCR 的方法来鉴定不同生物体的基因是否相同的一种简便的基因检测技术。两个生物个体如果具有相同的基因，那么 PCR 扩增就会有相同的扩增产物，如果基因不同（如基因发生突变）其扩增产物就不相同。这项技术在物种分类、基因突变分析、人类遗传病鉴定、亲子鉴定等方面具有重要的价值。

8.2.2 医学中的应用

1. 病毒微生物的检测

RT-PCR 技术可以用来检测或定量感染人类的病毒微生物。在医学临床上已用 TaqMan 技术诊断各种病原体，如流感病毒、结核分枝杆菌、大肠杆菌、性病病原体和猪伪狂犬病病毒等。HSV1 与 HSV2 的检测也可以用 TaqMan 探针检测。针对 HSV DNA 的聚合酶基因设计引物与探针，对 HSV1 与 HSV2 表型进行检测，并能对这两种表型进行定量。在检测疱疹病毒方面也显示了定量的灵敏性。RT-PCR 可以较为精确地检测病毒（乙型脑炎、乙型肝炎、肠道病毒等）与宿主之间的相互作用，并提供了一种可靠的方法研究抗病毒复合物的功效。

2. 细菌的检测

常规的 PCR 可以验证细菌病原体的高变异性，应用 RT-PCR 可以达到更好的效果。荧光杂交探针可以快速检测较低数量的细菌 DNA。在测定临床样本中的细菌和难以培养或生长缓慢的细菌时，RT-PCR 优于其他方法，如免疫测定法和培养法等。并且 RT-PCR 可以用于定量检测肠球菌、大肠埃希菌和 O139 群霍乱弧菌等。早期鉴别分枝杆菌感染的常规方法缺乏特异性和灵敏度。测定从培养或临床样本中获得耐药性的突变体基因（异烟肼、利福平、乙胺丁醇），采用 RT-PCR 法代替了原来的肉汤培养基稀释法。一些 RT-PCR 测定方法已经用于快速测定芽孢杆菌属引起的炭疽。然而，临床研究需要进一步研究能够快速检测人体病原体的方法。

3. 寄生虫的检验

随着 RT-PCR 和其他技术的发展，人们能更为容易地精确定量原虫数量以及进行临床诊断。临床上，RT-PCR 用于检测阿米巴性的痢疾、孕妇羊水内的住血原虫病、疟原虫、华支睾吸虫等。此外，随着基因组测序的发展，需要寄生虫学家进一步研究那些已经进行了小片段基因组测序的生物体，并进行必要的基因注释。

4. 肿瘤检测中的应用

癌症是遗传基因多态性的聚积、变异或是部分机体的基因多态性变异造成的，如 DNA 修复、信号基因的增长。尽管成像诊断技术、外科手术以及药物治疗不断发展，但是癌症死亡率仍旧很高。由于变异细胞与正常细胞很难区分，使得早期癌症的诊断很难，而用 RT-PCR 技术可以在低数量样品中定量检测出特异 DNA。例如，肝癌细胞通过血液循环转移到其他组织是其转移的主要方式之一，通过 RT-PCR 分析外周血中肝癌细胞特征性标志物可以协助分析肝癌转移与预后。应用检测外周血中肿瘤基因的 RT-PCR 方法，以清蛋白的 mRNA 为靶 mRNA，而清蛋白 mRNA 是肝细胞和肝癌细胞的特异表达产物，其在外周血中不表达，用于预测肝癌的复发情况。应用 PCR 技术检测外周血或骨髓中存在的肿瘤细胞，具有灵敏度高、特异性强的优点，对肿瘤患者的复发、转移和疗效具有良好的临床监测价值。对于多重基因表达所引发的常规恶性疾病，如膀胱癌、乳腺癌、肝癌、胰腺癌、甲状腺癌、直肠癌等可以做到在早期进行精确诊断。目前，许多临床诊断试剂盒已经上市，同时这将促进 RT-PCR 技术在其他疾病诊断领域的发展。

5. 人类遗传病的鉴定

遗传病是完全或部分由遗传因素决定的疾病，常为先天性，也可后天发病。如先天愚型、多指（趾）、先天性聋哑、血友病等。这一类遗传病患者给家庭、社会带来了沉重的负担，若能在胎儿出生前特别是妊娠早期，甚至在胚胎植入子宫前对孕卵、胚胎或胎儿进行适当的检查，及早了解胎儿的发育是否正常，可有效解除孕妇及家庭的心理负担，利于孕期保健。当胎儿异常时，则在获取分析资料后作出准确的诊断，再选择终止妊娠或进行宫内治疗，以达到减少遗传病患儿和畸形儿出生的目的。所以提高产前诊断技术，保证其准确率就显得尤为重要。传统的产前诊断技术多采用羊水检测、B超、彩超等方法进行监测，但其有灵敏度不高、特异性低、同时对母体及胎儿都有或多或少的不良影响。应用PCR方法检测血友病的FV Ⅲ基因内、外及FIX基因外多个位点的多态性并进行遗传连锁分析，目前来说，PCR是血友病携带者检测与产前诊断的简便、快速、安全的首选方法。

8.2.3 食品安全方面的应用

食物传播性病毒感染已经成为人类广泛传播的疾病之一。霉菌毒素是主要的食品污染物。为了解决这个问题，人们从食物链中寻找快速、低成本、食品传播病原体的自动诊断方法。欧洲标准协会建立了食物传播病原体的PCR测定方法。实时SYBR Green Ⅰ和Light Cycler PCR（LC-PCR）可以测定17种食物或水传播的病原菌。可以测定的病原菌主要有大肠杆菌、肠毒性的大肠杆菌、肠聚集性大肠杆菌、沙门菌、志贺菌属、小肠结肠炎耶尔森菌、假结核耶尔森菌、空肠弯曲杆菌、霍乱弧菌、气单胞菌属、金黄色葡萄球菌和产气荚膜梭状芽孢杆菌。在用RT-PCR监测时，既可以用纯化的DNA，也可以用直接从临床病人体内或者培养基培养中的粗提产物。轮状病毒和胃肠炎病毒是重要的食物传播性病毒，可以用RT-PCR法对其进行定量检测。

8.2.4 人类基因组工程方面的应用

1. 用于DNA的测序

PCR可用于制备测序用样品。在系统中加入测序引物和4种中各有一种双脱氧核苷三磷酸（ddNTP）的底物，即可按Sanger的双脱氧链终止法测定DNA序列。在染色体DNA中依次加入各种测序引物可以完成整个基因组测序。

2. 产生和分析基因突变

PCR技术十分容易用于基因定位诱变。利用寡核苷引物可在扩增DNA片段的末端引入附加序列，或造成碱基的替代、缺失和插入。设计引物时应使与模板不配对的碱基安置在引物中间或是5'端，在不配对碱基的3'端必须有15个以上配对碱基。PCR的引物通常总是在被扩增DNA片段的两端，但有时需要诱变的部位在片段的中间，这时可在DNA片段中间设置引物，引入变异，然后在变异位点外侧再用引物延伸，此法称为嵌套式PCR。

PCR技术用于检测基因突变的方法十分灵敏。已知人类的癌症和遗传疾病都与基因突变有关。应用PCR扩增可以快速获得患者需要检查的基因片段，再通过分子杂交检测突变。也可用特殊的引物，通过PCR来直接判断突变。

3. 基因组序列的比较研究

应用随机引物的PCR扩增，便能测定两个生物基因组之间的差异，这种技术称为随机扩增多态 DNA 分析。如果用随机引物寻找生物细胞表达基因的差异，则称为 mRNA 的差异显示。PCR 技术在人类学、古生物学、进化论等的研究中也起了重要的作用。

8.2.5　环境检测方面的应用

应用 PCR 技术检测环境中的致病菌与指标菌。土壤、水和大气环境中都存在着多种多样的致病菌和病毒，它们与许多传染性疾病的传播和流行密切相关。因此，定期检测环境中致病菌的动态（种类、数量、变化趋势等）具有重要的实际意义。采用分离培养的方法进行检测，不仅费时（一般需几天到数周），而且无法检测一些难以人工培养的病原菌。近年来采用 PCR 技术进行检测则克服了上述缺陷，一般仅需 2~4h 就能完成。

单核细胞增生李斯特菌是一种容易导致人类脑膜炎的致病菌，广泛存在于乳制品、肉类、家禽和蔬菜中，特别容易感染孕妇、新生儿和免疫损伤的病人。微生物学上采用的检测方法至少需要 5 天才能确认某种食品有没有被李斯特菌污染，至少需要 10 天才能鉴定已感染了单核细胞增生李斯特菌的存在。而应用 PCR 技术，通过对单核细胞增生李斯特菌中特异性的 hlyA 和 iap 基因扩增，只需要几小时即可完成对该菌的检测，连同其他分析时间在内，也仅需要 32~56h。

8.3　基因工程的应用

1973 年雅格（Jacbon）等人在一次分子生物学学术会上，首次提出基因可以人工重组，并能在细菌中复制。从此以后，基因工程作为一个新兴的研究领域得到了迅速的发展，并取得了惊人的成绩。尤其是近十年来，基因工程的发展更是突飞猛进。基因转移、基因扩增等技术的应用不仅使生命科学的研究发生了前所未有的变化，并且在医药卫生、农牧业、食品工业、环境保护等实际应用领域业展示出美好的应用前景。

8.3.1　基因工程在生命科学基础理论研究中的应用

基因工程的理论和技术几乎在所有生命科学分支学科中都得到了应用。例如，在分子生物学领域，利用基因工程技术对大肠杆菌体内 50% 以上的基因进行定位，并已测出其 DNA 序列，基本清楚其基因表达调控关系。对 N 噬菌体 60% 的基因进行定位，并已测出其 DNA 全序列。在真核生物中，利用基因工程的理论和技术已发现上百种癌基因和 200 余种抗癌基因。在发育生物学方面，利用基因工程技术可以对精细胞的分化、受精过程所发生的变化、基因表达的发育调控进行研究。在神经生物学方面，利用基因工程技术可以对人类的脑结构与功能进行研究，从而在分子水平上揭示脑思维、记忆功能的机制。

基因工程的理论和技术对人类基因组计划的实现能够产生重大的影响，能够为人类基因组作图和测序，以及了解人类的全部基因构成提供可资查的一个完美的基因信息库，同时还能够为认识人类遗传疾病和癌发病机理提供有价值的信息。

8.3.2 基因工程在农业中的应用

利用基因工程的方法构建转基因植物，可以增加农作物产品的营养价值，如增加种子、块茎的蛋白质含量，改变植物蛋白的必需氨基酸比例等。可以提高农作物抗逆性能，如抗病虫害、抗旱、抗涝、抗除草剂等性能。可以提高光合作用效率，从而提高农作物产量。可以增加植物次生代谢产物产率。

基因工程在农业上的应用十分广阔，下面列举基因工程在农业应用上的几个有代表性的应用领域：

（1）为了获得能独立固氮的新型作物品种，利用基因工程技术，将固氮菌的固氮基因转移到生长在重要作物的根际微生物或致瘤微生物中去，与通过常规方法发展氮肥工业达到同样效果相比，其研究经费仅为其二百分之一至二千分之一。若将固氮基因直接引入到作物的细胞中则更为节省，其成本甚至不到上述的二千分之一。

（2）地球上贮存着大量的、可永续利用的廉价原料，利用基因工程技术将木质素分解酶的基因或纤维素分解酶的基因重组到酵母菌内，可以使酵母菌充分利用上述原料直接生产酒精，从而为人类开辟一个取之不尽的新能源和化工原料来源。

（3）自然界中存在着大量的不同种类的细菌，它们身上存在着抗虫、抗病毒、抗除草剂、抗盐碱、抗干旱、抗高温等各种抗性，而这些也是很多植物所需要的，如果能将这些抗性基因转移到作物体内，将从根本上改变作物的特性。利用基因工程技术就可以改良和培育农作物和家畜、家禽新品种，包括提高光合作用效率以及各种抗性基因工程（植物的抗盐、抗旱、抗病基因，鱼的抗冻蛋白基因）等。

基因工程在畜牧养殖业上也具有广阔的应用前景，运用转基因动物的技术可以培育畜牧业新品种。例如，科学家将某些特定基因与病毒 DNA 构成重组 DNA，然后通过感染或显微注射技术将重组 DNA 转移到动物受精卵中。由这种受精卵发育成的动物可以获得人们所需要的各种优良品质，如具有抗病能力、高产仔率、高产奶率和高质量的皮毛等。基因工程同时还可以为人类开辟新的食物来源。

8.3.3 基因工程在工业中的应用

在工业上，由于用微生物进行发酵生产体现出更多的优越性，而基因工程方法在改造所用微生物的特性中有极大潜力，因此，基因工程可以应用在工业生产的许多方面，提高质量、改进工艺或发展新产品。下面仅举其中较为典型的应用。

①酿酒酵母能够把麦芽汁中的葡萄糖、麦芽糖、麦芽二糖等成分转变成乙醇，乙醇是

啤酒酿造中主要的发酵微生物，但是麦芽汁中有一种称为糊精的物质，约占碳水化合物总数的 20%，其不能被酿酒酵母利用。而另一种糖化酵母能分泌把糊精分解成为葡萄糖的酶，但是利用糖化酵母生产的啤酒口感不好。利用基因工程技术可以把糖化酵母中编码分解糊精的酶的 DNA 基因引入酿酒酵母中去，产生一种酿酒酵母工程菌，从而能够最大限度地利用麦芽中的糖成分，大大提高啤酒产量和质量。

②在白酒和黄酒的酿造和酒精生产中，首先要消耗大量的能量对淀粉进行高温蒸煮，使淀粉颗粒溶胀糊化，这样才能使其在霉菌产生的淀粉糖化酶作用下被糖化，然后由酿酒酵母把糖转化为乙醇。利用基因工程技术可以把淀粉糖化酶的基因转入酿酒酵母，由酵母来完成使淀粉糖化及乙醇发酵的这两步操作，从而免去蒸煮过程，大为节约能源。

③干酪是高附加值奶制品，且有极高的营养价值。凝乳酶是制造干酪所必需的，传统的方法是从哺乳小牛的第四个胃中提取凝乳酶粗制品，这种方法很不经济。利用基因工程技术可以将小牛的凝乳酶基因转入酿酒酵母中去，经酵母菌培养生产出大量具天然活性的凝乳酶，用于干酪制造业。

④生产干酪的过程中，在取出凝乳块后往往会产生大量乳清，其中含有很多乳糖、少量蛋白质以及丰富的矿物质和维生素。如果把乳清作为废弃物排出，势必会造成环境的污染。利用基因工程技术可以把乳酸克鲁维酵母的水解乳糖基因转入酿酒酵母，酿酒酵母可以利用乳清发酵来产生酒精。

⑤油轮的海上事故往往会造成海面和海岸的严重石油污染，对生态环境产生不良影响。早在 1979 年美国 GEC 公司构建成具有较大分解烃基能力的工程菌，这是第一例基因工程菌专利。当有石油污染的状况出现时，人们把“吃油”工程菌和培养基喷洒到污染区，能从一定程度上缓解污染问题。

随着基因工程技术的不断发展，人们提出了更多更新的构想，如将抗生素生产菌、放线菌或霉菌的有关遗传基因转移至发酵时间更短、更易于培养的细菌细胞中；将动物或人产胰岛素的遗传基因转移至酵母或细菌的细胞中；将家蚕产丝蛋白的基因引入细菌细胞中；把人或动物产抗体、干扰素、激素或白细胞介素等的基因转移至细菌细胞中；把不同病毒的表面抗原基因转移到细菌细胞中以生产各种疫苗；用基因工程手段提高各种氨基酸发酵菌的产量；构建分解纤维素或木质素以生产重要代谢产物的工程菌；用基因重组技术培育工业和医用酶制剂等高产菌等。这类设想如果成为现实，将给人类带来巨大的经济效益。

8.3.4　基因工程在医学中的应用

目前，基因工程在医药领域的应用非常广泛，下面仅举其中较为典型的几个应用。

①胰岛素是治疗糖尿病的一种由 51 个氨基酸残基组成的蛋白质，传统的生产方法是从牛的胰脏中提取，但是产量很低。通过基因工程方法，把编码胰岛素的基因送到大肠杆菌细胞中去，造出能生产胰岛素的工程菌，从而可以大大提高胰岛素的产量。

②干扰素是一种治疗乙肝的有效药物，它具有广谱抗病毒的效能，是国际上批准的唯一治疗丙型病毒性肝炎的药物，人体内产生干扰素的数量微乎其微，如果通过诱导的方法获得，其成本极高。采用基因工程的方法进行生产，能够大大降低其成本，提高其产量。

③常用的制备疫苗的方法，一种是弱毒活疫苗，一种是死疫苗。前者隐含着感染的危险性，后者活性不高。采用基因工程的方法，把编码抗原蛋白质的基因重组到载体上去，再移入细菌细胞或其他细胞中大量生产。这样得到的亚基疫苗往往效价很高，且无感染毒性等危险。如乙型病毒性肝炎（以下简称乙肝）疫苗的制备就是一个典型的例子。

目前用基因工程生产的蛋白质药物已有数十种，许多以前本不可能大量生产的生长因子、凝血因子等蛋白质药物，现在用基因工程便可能进行大量生产。生产基因工程药物的基本方法如下。

首先，将目的基因用 DNA 重组的方法连接在载体上；然后，将载体导入靶细胞（微生物、哺乳动物细胞或人体组织靶细胞），使目的基因在靶细胞中得到表达；最后，将表达的目的蛋白质提纯后做成制剂，从而成为蛋白类药或疫苗，生产胰岛素、干扰素和乙肝疫苗等基因工程产品，这将是制药工业上的重大突破。

若上述目的基因直接在人体组织靶细胞内表达，就成为基因治疗。人体基因的缺失，会导致一些遗传疾病。应用基因工程技术使缺失的基因回归人体，通过将健康的外源基因导入有基因缺陷的细胞中来进行恶性肿瘤、艾滋病、心血管疾病、糖尿病等疾病的治疗，是基因工程在医学方面的又一重要应用。

8.4　转基因动物和植物

转基因技术（transgenic technology）是指在离体的条件下，利用 DNA 重组技术把一种生物中具有某一特性的基因作为外源基因整合到另一种没有该基因的生物的基因组中，使其获得新的性状并稳定地遗传给子代的一项基因操作技术。其中，外源基因被称为转基因（transgene），转基因生物（genetically modified organism，GMO）就是指基因组中含有转基因的生物，包括转基因动物、转基因植物、转基因微生物和转基因细胞等。转基因生物的所有细胞基因组都整合有外源基因，并具有将外源基因遗传给子代的能力，这是转基因生物所共有的特征。

转基因技术是一种重要的生物技术，不但实现了种属关系很远的个体间基因的传递，而且打破了自然繁殖的种属间隔离。如今，它已经被广泛应用于生物学、医学、药学、农学和畜牧学等众多与生命科学有关领域的研究，对整个生命科学都产生着重要影响。

8.4.1　转基因动物及其应用

转基因动物（transgenic animal）是指携带外源基因并能将其表达和遗传的动物。动物转基因技术是培育携带转基因的动物所采用的技术。

从 1961 年科学家将不同品系小鼠卵裂期的胚胎细胞聚集培育出嵌合体小鼠到目前为止，各国生命科学工作者已经培育成功鼠、牛、兔、羊、鸡、猪、鱼、昆虫等多种转基因动物，所表达的转基因产物既有生长因子、激素、疫苗，也有酶、血浆蛋白等。

8.4.1.1　培育转基因动物的方法

培育转基因动物需要进行如下几个重要操作。

第一，选择转基因（目的基因）和载体，构建重组转基因；第二，将重组转基因导入受体细胞（如受精卵细胞或胚胎干细胞等），使转基因整合到基因组中，这是培育转基因动物最为关键的一步；第三，将受精卵细胞植入受体动物假孕输卵管或子宫腔，或先将胚胎干细胞注入受体动物胚泡，再将胚泡植入假孕子宫腔；第四，对基因胚胎的发育和生长进行观察、鉴定，筛选适合的转基因动物品系；第五，对转基因的整合率和表达效率进行分析、检验。显微注射法是目前应用最广泛、也最可靠的动物转基因方法。

8.4.1.2　转基因动物在不同领域的应用

基因工程的不断发展使得动物转基因技术不断得以完善，目前，该项技术已经被广泛应用于生物学基础、畜牧学、医学、生物工程学等各种领域的研究。

1. 生物学基础研究

培育带有目的基因的转基因动物，通过对其表型改变进行分析，可以研究基因型与表型的关系，阐明目的基因的功能。通过对其在生长发育过程中的表达进行检测，可以阐明目的基因在表达时间、空间和条件等方面的特异性。培育带有调控元件 – 报告基因重组体的转基因动物，通过对其报告基因的表达进行检测，还可以阐明调控元件在基因表达调控中的作用。可见，转基因动物为基因功能、基因表达及表达调控的研究提供了有效工具。

动物转基因技术有效地实现了分子水平、细胞水平和整体水平研究上的统一，以及时间上动态研究和空间上整体研究的统一，使研究结果在理论上和应用上都更具有意义。

2. 医药研究

转基因动物在医药研究领域的应用最为广泛、发展也最为迅速，前景令人振奋。

（1）人类疾病动物模型的建立

人类疾病动物模型为现代生物医学研究提供了重要的实验手段和方法。由于用转基因技术培育的转基因动物模型与人类某种疾病具有相似的表型，它可以模拟人体生命过程，用于从整体、器官、组织、细胞和分子水平对疾病的病因、病机和治疗方法等进行分析研究，研究结果具有较高的适用性。例如，转有癌基因的转基因动物模型对化学致癌物更敏感，适合用于对化学致癌物的致癌机制，以及致癌物与癌基因、抑癌基因的相互作用的研究；在心血管领域中，转基因动物可应用于血脂代谢与动脉粥样硬化关系的研究，以及在分子水平上认识心血管功能；在皮肤病领域中，转基因动物科用于银屑病的病因和发病机制的研究。

（2）新开发药物的筛选

通常，新开发的药物总是在进行过动物试验之后才能用于人体。虽然说传统的动物模型具有与人类某种疾病相似的症状，但由于各种疾病的病因、病机不尽相同，所以其还是不能完全适合人们的需要。而转基因动物模型可以代替传统的动物模型进行药物筛选，具有筛选工艺经济，实验次数少，实验更加高效，筛选结果准确等优点。目前，转基因动物在筛选抗艾滋病病毒药物、抗肝炎病毒药物、抗肿瘤药物、肾脏疾病药物等应用方面均已取得突破性进展。但是转基因动物模型未能得到广泛采用，这主要是因为人类多数疾病的遗传因素尚未阐明，相应的转基因动物模型很难培育起来。

（3）异体器官的移植

在目前来说，器官移植已经被作为治疗器官功能衰竭等疾病的首选方法。但是，在很多国家都存在供体器官严重匮乏的问题。异种器官移植可以解决来源不足问题，这使得人们不得不对其重新重视起来。培育转基因动物、改造器官基因状态等，使之适用于人体器官或组织移植是解决移植源短缺的有效途径。目前，这类研究主要集中在攻破以下难题。其一，将人体的补体调节因子基因利用转基因技术转入器官移植供体动物，使移植器官获得抵抗补体反应的能力，以降低或消除补体反应；其二，通过基因敲除减少或改变供体器官的表面抗原；其三，使供体器官表达人体的免疫抑制因子。该研究具有重要的实用价值，相信以后会有更多更加完善的改造器官用于人类疾病的治疗。

（4）作为生物反应器生产药物和营养保健品

生物反应器（bioreactor）本意是指可以实现某一特定生物过程（bioprocess）的设备，例如发酵罐（fermenter）、酶反应器（enzyme reactor）。转基因动物作为生物反应器可以生产营养蛋白、单克隆抗体、疫苗、激素、细胞因子、生长因子。现在已有100多种外源蛋白在不同的动物、不同的器官中被生产出来，这为转基因动物生产药用蛋白奠定了基础。动物转基因技术生产药用蛋白具有饲养方便、取材方便、生产高效、易于实现规模化等优点，其已经成为生物制药产业大规模生产药用蛋白的新工艺。转基因动物的乳腺因其自身的特点而成为特殊的生物反应器，乳腺生物反应器是目前国际上唯一证明可以达到商业化水平的生物反应器。

3. 动物品种的改良和培育

利用动物转基因技术改良动物基因成为可能，可以使人类可以达到提高养殖动物肉、蛋、奶的品质和产量，提高饲料利用率，加快动物生长速度的目的。还可以通过基因转移增强牛、羊等动物的抗病、抗寒等能力。此外，动物转基因技术联合体细胞克隆技术能加快优良种畜的繁殖速度，从而缩短新品种培育周期。并且，转基因动物对于动物遗传资源保护具有重要意义，有望应用于挽救濒危物种的研究中。

综上所述，动物转基因技术诞生至今，已经取得了很大的进展，并创造了巨大的经济效益和社会效益。从目前的发展趋势看，动物转基因技术有希望成为 21 世纪生物工程领域的核心技术，并给医药卫生领域（特别是药物生产和器官移植等）带来革命性变化。但是其中涉及的一系列的问题，如转基因动物产品的安全问题、动物转基因技术的伦理问题等，还存在许多亟待解决的问题，并且动物转基因技术本身并不完善，这些都在一定程度上限制了其应用。相信随着研究的不断深入，转基因动物相关产品最终将实现产业化、市场化，从而为人类带来更大的利益。

8.4.2　转基因植物及其应用

转基因植物（transgenic plant）是指携带外源基因并能将其表达和遗传的植物。其转基因可以来自动物、植物或微生物。植物转基因技术是培育携带转基因植物所采用的技术，该项技术是植物分子生物学研究的强有力手段，更是功能基因组研究必不可少的实验工具。

植物转基因技术可以用于生产疫苗、抗体、药用蛋白等医疗药品，可以用于培育转基因农作物，还可以用于生物除污。我国已经获准种植的转基因植物有抗虫棉、改色牵牛花、延熟番茄和抗病毒甜椒等。我国转基因植物的研究和开发取得了显著成果，已经在基因药物、农作物基因图与新品种等方面形成优势，并且有些研究已经达到国际先进水平。

8.4.2.1　培养转基因植物的方法

培育转基因植物的基本工艺包括如下几种。

第一，分离目的基因，如植物抗旱、抗寒基因等；第二，培养受体细胞，如愈伤组织、悬浮细胞、无菌苗等；第三，以转基因转化受体细胞；第四，培养和筛选阳性转化细胞；第五，培育和鉴定转基因植物。

转基因的转化是植物转基因技术的核心，目前已经有多种成熟的转化工艺，并且已发展出一系列比较完善的植物转化系统。

8.4.2.2　转基因植物在不同领域的应用

1. 医药领域

随着现代生物技术的发展，转基因技术也获得了飞速发展，如今植物转基因技术已经在医药领域得到应用。转基因植物同样可以作为一种新型的生物反应器，用于生产疫苗、抗体、药用蛋白等。

（1）转基因植物疫苗

用抗原基因转化植物，利用植物基因表达系统表达，生产相应的抗原蛋白，即转基因植物疫苗（transgenic plant vaccine），适合于作为口服疫苗。1992 年，乙型肝炎病毒表面抗原基因转化烟草首次成功表达乙肝疫苗。我国科学工作者也已经用乙型肝炎病毒表面抗原基因培育出了转基因番茄、胡萝卜和花生。

目前有两种转基因植物疫苗系统。一种为稳定表达系统，是将抗原基因整合入植物基因组，获得稳定表达的转基因植株；另一种为瞬时表达系统，是将抗原基因整合入植物病毒基因组，然后将重组病毒接种到植物叶片上，任其蔓延，抗原基因随着病毒的复制而高效表达。严格地说，瞬时表达系统这一方法并没有培育出转基因植物。

（2）转基因植物抗体

转基因植物抗体是用抗体或抗体片段的编码基因培育转基因植物表达的具有免疫活性的抗体或抗体片段。人类既可以用植物作为生物反应器生产具有药用价值的抗体，特别是单克隆抗体，又可以直接利用抗体在植物体内进行免疫调节，来研究植物的代谢机制，或增强植物的抗病虫害能力。

（3）其他药用转基因植物蛋白

1986 年，人生长激素第一个在转基因烟草中得到表达。此后，人白蛋白（马铃薯）、人促红细胞生成素（番茄）、白细胞介素 2（烟草）、粒细胞巨噬细胞集落刺激因子（水稻）、蛋白酶抑制剂（水稻）、亲和素（玉米）、牛胰蛋白酶（玉米）等许多生物活性蛋白在不同植物中相继得到表达。这为高需求量的药用蛋白提供了新资源。此外，一些用于保健的蛋白质也在植物中得到表达，如能增进婴幼儿健康的人乳铁蛋白和 P- 酪蛋白（马铃薯）。

与其他生物制药相比，转基因植物制药存着诸多优点，如生产成本低、成活率高、风险较低、方便储存、可进行蛋白质产物的靶向生产等。但由于各种因素的影响还会存着各种缺陷，如规模种植受季节和区域限制、工业化后加工技术不成熟导致成本升高、成熟的转基因植物生产系统较少等。

2. 植物选育

1986 年，世界上第一例转基因植物——抗烟草花叶病毒（TMV）烟草在美国成功培植，开创了抗病毒育种的新途径。自从第一株转基因烟草培育成功以来，植物转基因技术在许多领域取得了令人瞩目的成就。1994 年，第一种转基因食物——延熟番茄（商标名称 FLAVR SAVR）获准上市。截止到 2004 年，全球转基因植物种植面积已经达到 8100 万公顷，其中大豆占 61%，玉米占 23%，棉花占 11%，油菜占 5%。植物转基因研究是改进农作物性状的一条新途径，自 1980 年以来，尤其是采用转基因技术在选育抗除草剂植物、抗病毒植物这些方面取得了迅速发展。

（1）抗除草剂植物

目前各国普遍应用除草剂除草以提高农作物产量，但是由于大多数除草剂无法很好地区分杂草与农作物，经常会对农作物造成不必要的伤害，这对于除草剂的广泛应用是很不利的。为此可以将除草剂作用的酶或蛋白质的编码基因转入农作物，增加拷贝数，使这些酶或蛋白质的表达量明显增加，从而提高对除草剂的抗性。

目前已经培育的抗除草剂农作物有棉花、大豆、水稻、小麦、玉米、甜菜、油菜、向日葵、烟草等，可以抗草丁膦（glufosinate，抑制谷氨酰胺合成，欧洲议会禁用）、草甘膦（glyphosate，抑制芳香族氨基酸合成）、磺酰脲类（sulfonylureas，抑制支链氨基酸合成）、咪唑啉酮类（imidazolinones，抑制支链氨基酸合成）、溴苯腈（bromoxynil，抑制光合作用）、阿特拉津（atrazine，抑制电子传递，欧盟禁用）等除草剂。

（2）抗病毒植物

植物病毒会降低农作物的产量和品质，用植物病毒衣壳蛋白基因、植物病毒复制酶基因、植物病毒复制抑制因子基因、核糖体失活蛋白基因、干扰素基因等转化农作物，可以培育抗病毒转基因农作物，从而使病毒的传播和发展得到有效控制。

目前被应用的抗病基因有抗烟草花叶病毒基因，抗白叶枯病基因，抗棉花枯萎病基因，抗黄瓜花叶病毒基因，抗小麦赤霉病、纹枯病和根腐病基因等，已经培育的抗病农作物有棉花、水稻、小麦、大麦、番茄、马铃薯、燕麦草、烟草等。我国培育的抗黄瓜花叶病毒甜椒和番茄已经开始推广种植。

（3）抗虫植物

目前防治农作物病、虫害主要依赖于喷施农药，但农药一方面会污染环境，另一方面还会造成病虫的耐受性。将抗虫基因导入农作物不但能够减轻喷施农药所带来的负面影响，还能够增加农作物产量。

目前应用的抗虫基因有几十个，其中应用最广泛的为蛋白酶抑制剂基因和外源凝集素基因等，已经培育的抗虫农作物和其他经济作物有大豆、水稻、玉米、豇豆、慈菇、番茄、马铃薯、甘薯、甘蔗、胡桃、油菜、向日葵、苹果、葡萄、棉花、烟草、杨树、落叶松等。目前抗虫作物已占全球转基因作物的 22%。

（4）抗逆植物

为了提高农作物对干旱、低温、盐碱等逆境的抗性，近年来各国都在进行以转基因技术提高农作物抗逆能力的研究。目前已经分离的抗逆基因包括与耐寒有关的脯氨酸合成酶基因、鱼抗冻蛋白基因、拟南芥叶绿体 3- 磷酸甘油酰基转移酶基因，与抗旱有关的肌醇甲基转移酶基因、海藻糖合成酶基因等。目前已经培育出耐盐的小麦、玉米、草莓、番茄、烟草、苜蓿，耐寒的草莓、苜蓿，抗旱、抗瘠的小麦、大豆，耐盐、耐寒、抗旱的水稻。

（5）改良品质植物

随着生活水平的不断提高，人们更加重视食物的口味、营养价值。通过转基因技术能够改变农作物代谢活动，从而改变食物营养组成，包括蛋白质的含量、氨基酸的组成、淀粉和其他糖类化合物、脂类化合物的组成等。

已经培育出如富含蛋氨酸的烟草，低淀粉水稻，富含月桂酸油菜，延熟番茄，改变花色玫瑰，以及富含铁、锌和胡萝卜素的“金水稻”。

（6）环保植物

转基因植物可以用于生物除污（如清除水体和土壤中的有机物和重金属污染等），改善环境。北京大学生命科学院培育的转基因烟草和转基因蓝藻可以分别用于吸附并排除土壤、污水中的重金属镉、汞、铅、镍污染，并且种植转基因烟草的土地重金属含量明显下降，可以种植出优质农作物；英国科学家用能降解 TNT 细菌的相关基因转化烟草，培育出能在被 TNT 污染的地区茁壮成长、大量吸收并降解 TNT 的转基因烟草。美国科学家用转基因技术改良白杨树，使其能够更多地吸收地下水中的毒素，实验结果显示，转基因白杨树可以吸收 91% 实验所用液体中的三氯乙烯毒素，而普通植物只能吸收 3%。

不过，转基因植物制药所存在的技术问题、安全问题（包括食品安全、环境安全等问题）不容忽视。希望随着研究的不断深入，技术能够得以发展，从而寻找到解决这些问题的对策。转基因植物在医药、农业、生态、环保领域所具有的巨大潜在价值必定会给人类带来极大的效益。

8.5 DNA 指纹图谱

多年来，指纹图谱在人类案件鉴证中扮演着重要角色。事实上，指纹常常提供了将嫌犯送人监狱的关键证据。正是基于任何两个个体的指纹不会完全一致这样的一个前提，所以在法庭受理的案件中常常使用指纹作为证据。类似的，除了同卵双胞胎外，没有两个个体会拥有核苷酸序列相同的基因组。有证据证实，人类基因组包括了很多不同类型的 DNA 多样性大家族，这为未决的案件提供有价值的证据。这些多样性可以用来生成 DNA 指纹图谱。所谓 DNA 指纹图谱，是指基因组 DNA 用特异的限制酶酶切后与相应的 DNA 探针杂交在 Southern blot 中出现的特异性条带模式，其已成为提供个体识别的强有力证据。

对于任何熟悉分子遗传学和用于生成 DNA 印迹技术的人而言，DNA 指纹图谱在个体识别案件中的效用是显而易见的。如果使用得当，DNA 指纹图谱能够提供有力的法庭取证工具。由于人类基因组包含大量短 DNA 序列，以不同长度的串列重复出现在好几条染色体上，这些可变数目的串列重复是 DNA 指纹图谱的重要成分。DNA 印迹可以从少量的血样、精液、发囊或其他细胞中获得。将 DNA 从这些细胞中提取出来，通过 PCR 扩增，然后用经过仔细选择的 DNA 探针通过 Southern blot 方法进行分析。尽管 DNA 印迹在所有有争议的案件中可以使用，但它们被证明在血缘和法庭诉讼案件中尤为有用。

8.5.1 DNA 指纹图谱在鉴定测试中的应用

过去，经常通过比对孩子、母亲和可能的父亲的血型来决定不确定的血缘案件。血型数据可以用来证明拥有特定血型的男子不可能是孩子的父亲，但是这些血型比对的结果无法提供父亲的阳性鉴别结果。而使用 DNA 指纹图谱进行鉴定测试，不仅能够排除错认的父亲，还能进一步提供对于生父的阳性鉴别。具体操作如下。从孩子、母亲和可能的父亲的细胞中获得 DNA 样本，制备 DNA 指纹图谱，进行指纹图谱比对。由于孩子会分别从父母处获得一对同源染色体中的一条，孩子 DNA 印迹中约一半的条带由遗传自母亲的 DNA 序列所产生，另一半则来自于遗传自父亲的 DNA 序列，所以孩子 DNA 印迹中所有的条带都应该出现在双亲 DNA 混合印迹中。

此外，还可以通过增加分析中所使用的杂交探针来增强鉴别孩子与双亲血缘关系的 DNA 指纹图谱的准确性。使用更多的探针，可以分析更多的多态性，可以比较孩子和双亲基因组的很多属性，鉴别结果也就更为可信。

8.5.2　DNA 指纹图谱在法庭诉讼中的应用

每一个人的 DNA 具有独特的核酸序列是能够使用 DNA 指纹图谱去鉴别个体的根本前提。不管人类群体如何扩增，人类基因中 3×10^9 个碱基对具有远多于地球上人类数目的四种碱基的组合方式。因此，任何两个人（同卵双胞胎除外）不可能会具有完全一致的基因组。与指纹图谱一样，DNA 指纹图谱提供了能够发现和记录这些差异的工具。可见，DNA 指纹图谱对于减少错误指控率来说具有相当的价值。在 1988 年，DNA 指纹图谱首次被作为犯罪事件的证据使用。VNTR（Variable Number of Tandem Repeats，数目可变串联重复多态性）印迹是在法庭诉讼案件中使用的一类 DNA 指纹图谱。通过将 VNTR 指纹图谱和用其他类型的 DNA 探针植被的印迹混合使用，可以大大减少来自两个个体的 DNA 指纹图谱相匹配的可能性。

8.6　分子标记的应用

DNA 分子标记（DNA molecular marker）是指能反映生物个体或种群间基因组差异特征的 DNA 序列，用以检测 DNA 分子中由于碱基的缺失、插入、易位、倒位、重排或由于长短与排列不一的重复序列等而产生的多态性，是生物遗传变异在 DNA 水平上的直接反映。近年来，DNA 分子标记的研究与应用发展极为迅速，开创了在 DNA 水平上研究遗传变异的新阶段。现代 DNA 分子标记技术具有广阔的应用前景。

DNA 分子标记的检测不受组织特异性、发育阶段等影响，并具有数量大、多态性高、遗传稳定等优势，这使其在遗传育种、种质资源鉴定、基因定位与克隆等方面具有广泛应用。又由于不受环境因素、个体发育阶段及组织部位影响、多态性高、可靠性强，而成为生物分类学、遗传育种学等研究的重要工具。另外，还用于物种亲缘关系鉴定、种质资源保存以及生物多样性研究。DNA 分子标记的发展经历了 3 代历程，即基于分子杂交技术的分子标记、基于 PCR 技术的分子标记、新一代分子标记。先分别对它们的应用加以分析阐述。

8.6.1 基于分子杂交技术的分子标记的应用

限制性片段长度多态性（Restriction Fragment Length Polymorphism，RFLP），即DNA限制性片段长度多态性，是指应用特定的核酸限制内切酶切割有关的DNA分子，所产生出来的DNA片段在长度上的变化。RFLP的概念于1980年首次提出，是基于分子杂交技术的分子标记的代表性技术。

RFLP是在研究人类基因组中发展起来的，开始时仅应用于某些疾病的诊断和法医鉴定，现已应用于植物遗传学研究。国内开始应用RFLP技术是在20世纪80年代中后期。

RFLP的特点为，是共显性标记，具有基因型特异性；在数量上不受限制，可随机选取足够数量代表整个基因组的分子标记；每个标记变异大，检测方便。

一方面，由于用于探测RFLP的克隆可随机选择，可以是核糖体DNA、叶绿体DNA、基因组总DNA，因此，RFLP产生的大量多态性可以为研究高等生物类群特别是属间、种间甚至是品种间的亲缘关系、系统发育和演化、基因定位、遗传图谱构建、数量性状位点定位、异源染色体鉴定以及遗传多样性分析等提供有力的依据。另一方面，由于实验方法上的一些改进（如使用荧光素标记或化学标记代替同位素标记），使得这一方法更易于被研究者接受和掌握，因此，RFLP技术被广泛地应用于基因组学各个方面的研究。

RFLP是在分子生物学的研究中发展起来的，在检测个体间、品种间、种间DNA水平上的变异方面是较灵敏的方法。如果能够很好地解决RFLP所固有的费用昂贵、费时费力、所需DNA样品量较大等缺点，就能够在一定程度上拓展其应用的范围。

8.6.2 基于PCR技术的分子标记的应用

PCR体外扩增技术是近年来分子生物学领域的一项重大技术突破，给整个分子生物学研究方法带来了一次重大的革命，它的广泛应用极大地促进了生命科学的发展。PCR的出现使得原先难以检测到的单拷贝DNA产生差异扩增至数百万倍乃至上亿倍而得以检测。

它是绝大多数DNA分子标记技术的基础，如随机扩增多态性DNA（RAPD）、序列特异扩增区域（SCAR）、扩增片段长度多态性（AFLP）、简单重复序列（SSR）、酶切扩增多态性序列（CAPS）、序列标签位点STS等，在分子标记研究上具有至关重要的作用。

1. 随机扩增多态性DNA技术的应用

随机扩增多态性DNA（Random Amplified Polymorphism DNA，RAPD）是以基因组总DNA为模板，以一个10碱基的任意序列的寡核苷酸片段为引物通过PCR扩增反应，产生不同的PCR扩增产物，用以检测DNA序列多态性的技术。

RAPD在检测多态性时是一种相当快速的方法，具有成本较低、技术简单、分析时只需少量DNA样品、设计引物时不需预先知道模板的序列信息等优势。目前RAPD技术已广泛用于种质资源鉴定与分类、目标基因的标记等研究上，也有人利用RAPD标记来绘制遗传连锁图。

但是 RAPD 技术也存在许多不足，如 RAPD 分析中存在的最大问题是重复性不高；RAPD 为显性标记，不能鉴别杂合子与纯合子；存在共迁移问题；等等。这些存在的问题大大限制了使其在实际中的应用。

2. 序列特异扩增区域技术的应用

序列特异扩增区域（Sequence-characterized Amplified Regions，SCAR）分子标记是从 RAPD 技术衍生而来的，代表一个在基因组遗传上确定的位点。这些标记通过感兴趣的 RAPD 片段（如与某一目的基因连锁的 RAPD 片段）的克隆与测序产生，通过序列分析设计出一对互补到原来 RAPD 片段两端的 24 碱基的引物，用这对引物与原来的模板 DNA 进行 PCR 扩增，这样就可把与原 RAPD 片段相对应的单一位点鉴定出来。这样的位点就称为 SCAR。

SCAR 技术的相关应用为，对于构建遗传图谱而言，共显性标记的 SCAR 比显性的 RAPD 的信息要多得多；普通的 RAPD 片段通常含有分散的重复序列，因此不能作为探针来鉴定感兴趣的克隆，而 SCAR 引物通过 PCR，可用于扫描基因组文库；SCAR 也可作为物理图谱与遗传图谱之间的锚点；SCAR 是限定的基因组区域的可重复性扩增，因而能进行比较图谱研究（与 RFLP 图谱比较）或进行有关种之间的同源性研究。

SCAR 技术应用的实例为，帕朗（Paran）等（1993）利用 SCAR 技术在莴苣中找到了连锁到抗双霉病基因的可靠标记；亚当（Adamblond）等（1994）在菜豆中鉴定了连锁到抗炭疽病基因 Are 的 SCAR 标记；加西亚（Garcia）等（1996）用 SCAR 技术在番茄中鉴定了连锁到抗线虫基因的 RAPD 与 RFLP 标记；列托（Lelotto）等在菜豆中发展了连锁到 I 基因的 SCAR 标记。BSA（分离群体分组分析法）结合 SCAR 技术将使 RAPD 在遗传育种工作中得到更广泛应用。

3. 扩增片段长度多态性技术的应用

扩增片段长度多态性（Amplified Fragment Length Polymorphism，AFLP）标记实质上是 RFLP 与 RAPD 两项技术的结合。其原理是选择性地扩增基因组 DNA 限制性酶切片段。

AFLP 技术具有多态性高、提供的信息量大、稳定性及重复性好等优点，主要应用于高密度遗传图谱构建，以及种质资源鉴定等方面。同时该技术也存在假阳性条带出现频繁、技术复杂、成本高等方面的缺点，限制了其应用。

4. 简单重复序列技术的应用

简单重复序列（Simple Sequence Repeat，SSR）也称为微卫星标记，广泛存在于真核生物的基因组，由于串联重复序列重复次数的不同就产生了等位基因之间的多态性。同时 SSR 两端多为相对保守的单拷贝序列，通过设计引物可以进行 PCR 扩增，从而能够对单个微卫星位点做共显性的等位基因分析。SSR 标记具有共显性、多态性和易于检测等优点，是一种理想的分子标记。近几年来微卫星序列作为比较理想的分子标记广泛用于资源鉴定、遗传图谱构建、目标基因定位、居群遗传学以及系统发育的研究。

5. 酶切扩增多态性序列技术的应用

酶切扩增多态性序列（Cleaved Amplified Polymorphism Sequence，CAPS）技术又可称为 PCR-RFLP。所用的 PCR 引物是针对特定的位点设计的。与 RFLP 技术一样，CAPS 技术检测的多态性其实是酶切片段大小的差异。dCAPS（derived CAPS）技术是在 CAPS 技术基础上发展而来的用于检测单核苷酸多态性的一种良好方法。

目前，CAPS 和 dCAPS 主要用于基因定位及遗传鉴定等方面。例如，王赀等利用 CAPS 标记对水稻稀穗突变体进行遗传分析及基因的精细定位；王孝宣等将 CAPS 技术应用于番茄的遗传鉴定中。

6. 序列标签位点技术的应用

序列标签位点（Sequence Tagged Site，STS）是由特定引物序列所界定的一类标记。STS 标记可通过 EST（Expressed Sequence Tag，表达序列标签）获得，也可通过转换 RFLP 标记而来。

STS 标记主要用于构建染色体遗传图谱和物理图谱。例如，Rong 等构建了一张含 3347 个位点的棉花遗传重组图，揭示了棉花基因组组织、传递和进化的特征。

8.6.3 新一代分子标记技术的应用

这里所指的新一代分子标记技术，即单核苷酸多态性（Single Nucleotide Polymorphism，SNP），SNP 是指基因组序列中由于单个核苷酸（A、T、C、G）的替换而引起的多态性。SNP 作为一种新型的分子标记在理论研究和实际应用上都具有极大的潜力。

SNP 在基因组广泛而稳定地存在，提供了一批很好的分子标记，在高密度遗传图谱构建、性状作图和基因的精细定位、群体遗传结构分析以及系统发育分析等方面均具有广泛地应用。近几年 SNP 在生物医学和人类起源与进化研究中的研究成果极大地促进了 SNP 在动植物基因组研究中的应用。一系列发现和检测 SNP 的方法、构建图谱的策略以及连锁不平衡和关联分析等技术正在动植物研究领域中受到广泛地关注，毫无疑问将在分子和群体遗传、动植物育种和生物进化等研究领域中发挥越来越大的作用。

参考文献

[1] 杨荣武 . 分子生物学 [M]. 2 版 . 南京：南京大学出版社，2017.

[2] 武瑞兵，张建宇 . 分子生物学技术 [M]. 北京：世界图书出版公司，2015.

[3] 徐辉 . 分子生物学理论与常用实验技术 [M]. 西安：第四军医大学出版社，2015.

[4] 康巧珍，田曾元 . 分子生物学 [M]. 郑州：郑州大学出版社，2015.

[5] 陶杰，田锦 . 分子生物学基础及应用技术 [M]. 北京：化学工业出版社，2013.

[6] 郝岗平 . 生物化学与分子生物学 [M]. 北京：中国医药科技出版社，2016.

[7] 张桦，麻浩，石庆华 . 分子生物学原理与应用 [M]. 北京：中国农业出版社，2013.

[8] 张卫兵，武林芝，张志勇 . 分子生物学原理与应用研究 [M]. 北京：中国水利水电出版社，2014.

[9] 肖建英 . 分子生物学 [M]. 北京：人民军医出版社，2013.

[10] 唐炳华 . 分子生物学 [M]. 北京：中国中医药出版社，2017.

[11] 顾晓松 . 分子生物学理论与技术 [M]. 北京：北京科学技术出版社，2002.

[12] 杜娟 . 医学细胞与分子生物学理论与技术 [M]. 长春：吉林大学出版社，2012.

[13] 张向阳 . 医学分子生物学 [M]. 苏州：江苏凤凰科学技术出版社，2018.

[14] 汤其群 . 生物化学与分子生物学 [M]. 上海：复旦大学出版社，2015.

[15] 乔中东 . 分子生物学 [M]. 北京：军事医学科学出版社，2012.

[16] 王梁华，焦炳华 . 生物化学与分子生物学 [M]. 上海：第二军医大学出版社，2012.

[17] 秦立金，夏宁，罗晓霞 . 生物化学与分子生物学原理及应用研究 [M]. 北京：中国原子能出版社，2018.

[18] 杨建雄 . 分子生物学 [M]. 2 版 . 北京：科学出版社，2018.